Memorias fritas

Pepitas de calabaza s. l.
Apartado de correos n.° 40
26080 Logroño (La Rioja, Spain)
pepitas@pepitas.net
www.pepitas.net

Fotografía de portada: © Luis Rubio
Fotografías de interior: Archivo José Luis Cuerda
Grafismo: Julián Lacalle y Teodoro Hernández

ISBN: 978-84-17386-43-6
Dep. legal: LR-1024-2019

Primera edición, octubre de 2019

Jose Luis Cuerda

Memorias fritas

TODAS NUESTRAS VIDAS SON FRAGMENTARIAS

TODAS NUESTRAS VIDAS SON fragmentarias. Lo que le da al vivir un continuo más fiable, no nos engañemos, es lo meramente biológico, que, por cierto, no es poco.

Lo demás nos lo manufacturamos tanto con realidades que nos vienen dadas como con empeños frustrados por impericia, por desánimos o por cansancio, a lo que suelen unirse accidentes inexplicables que desbaratan todo.

Por eso, escribir unas memorias con pretensiones novelescas en su confección no deja de ser —soy consciente de que me paso— un fraude poco cruel del que quiero prescindir.

Hay espectáculos como el mar —calmo o bravo—, el fuego —del hogar o de un incendio como el de Roma, pongo por caso— o el de bebé bullicioso en su cuna o infante jugando entre juguetes, que para mí colman y rebosan mis apetencias de espectador. Y no hay director de escena del que espere más que de la espontaneidad de estos fenómenos.

Y más en lo menudo, otra cosa digna de verse es lo que el aceite hirviendo puede dar de sí, como en el caso de Nerón y Roma, al acogerse a las llamas.

Los churros que entran masa en el hervidero y salen fritos, crujientes por fuera, y los buñuelos, los calamares rebozados que entran insignificantes en la sartén y se esponjan, crecen, adquieren color y volumen.

Yo he convenido conmigo mismo que unas memorias —añádase que la mía empieza a olvidarse, a confundir o a mal interpretar las cosas— como las que prologo aquí eran más sinceras en la medida en que se presentaban como residen en mis recuerdos y, en ocasiones, en pasados escritos.

MASEGOSO

NACÍ EN ALBACETE EL 18 de febrero de 1947. Mis padres eran de Masegoso, un pueblo de la Sierra de Alcaraz, a sesenta kilómetros de la capital. Eran dos personas que no tenían nada que ver con el mundo al que hemos ido a parar sus tres hijos con el paso del tiempo.

Durante la República, los dos párrocos de Masegoso tuvieron trato y procrearon con mozas del lugar. Dijeron: «Total, es la República», y se lanzaron a la vida. El primero, don Pedro, excelente músico, director de la banda municipal en la que mi abuelo Julio tocaba el bombardino, si advertía la más mínima desafinación en alguno de los instrumentistas, por más que fueran en formación desfilando con él a la cabeza, se agachaba, cogía una piedra, y sin apenas volverse, a veces de sobaquillo, le lanzaba el canto y atinaba o con el instrumento mismo o descalabrando al infractor. Eso don Pedro lo hacía de miedo.

Este hombre, en pleno invierno, el día que enfermó su hija, niña, y por purgar su pecado o por indignación implacable, regó con el agua de un botijo el suelo de la sacristía, se desnudó y se restregó por él hasta pillar una pulmonía y morir. Se murió de eso. Mártir.

El otro cura, don Manuel, muy respetado y querido en contraste con el temor que infundía el primero, era muy cazador, aunque no bueno, y, sobre todo, un gran lector de Borís Pasternak.

Lo puedo certificar porque durante algunos meses me dio clases de griego y empleaba la mayor parte de las mismas en leer *Doctor Zhivago* mientras yo hacía ejercicios y traducciones sentado en la mesa camilla de su casa, a la luz del flexo.

En Masegoso había un ciego que vivía con una mujer muy arisca. De vez en cuando, la mujer le hacía cruzar la plaza a saltos diciéndole: «Salta, que hay charco», cuando el terreno estaba totalmente seco. El pueblo se partía de risa viendo los saltos torpes e inútiles del ciego. También le ponía platos vacíos para que comiese su inexistente contenido. Cuando el ciego se quejaba de no encontrar la comida, la mujer le reñía: «¡Que no atinas, so torpe! ¡So ciego!».

En *Total*, el ciego recupera la vista y estrangula a la mujer. En la realidad no llegó a matarla, pero le dio un disgusto muy grande. Le hizo creer que él había muerto, pero al cabo de unas horas, después de que ella le hubiera quitado la cartera y las cuatro cosas de valor que llevaba encima, resucitó. Resucitó, además, de una manera muy peculiar. Se tiró un pedo y dijo: «Ya hay hombre».

Mis antecedentes son campesinos. Por parte de mi padre, mi abuelo era labrador; Julio le llamaban, aunque su verdadero nombre era Julián. Después puso un comercio en el pueblo, uno de esos negocios en los que se vende de todo. En la posguerra cerró el comercio y se vino a Albacete, a vivir de lo que le rentaban las cuatro tierras que había ido heredando y comprando.

Otras adherencias a lo que uno pudiera ser en sí, proporcionadas por maestros, familiares, amigos y gentes de casa, provendrían del abuelo Julio y del otro abuelo, del mismo pueblo pero por parte de madre, tratante de caballos, mulas y burros, que murió al poco de trasladarse a la capital. De este último pude heredar un ADN *western*, ya que recorrió muchas veces las cañadas reales arreando su ganadería de Córdoba a Galicia y de Jaén a Navarra. Aventuras que, unidas al traslado de reses bravas de las toradas andaluzas y extremeñas a las plazas del norte, habrían alumbrado un *western* autóctono muy vistoso. Murió antes de que yo naciera y lo conocí cuando, para enterrar a mi tío Leovigildo, tuvieron que hacer un hueco en el nicho. Entonces sacaron el cadáver de mi abuelo Eloy. Así lo conocí. Estaba incorrupto. Vestido impecablemente con un traje gris con chaleco, llevaba calzados unos botos de cuero impresionantes, y la piel amojamada se le pegaba a los huesos, dándole gran firmeza y seriedad. En medio de la tristeza del entierro de mi tío, me ilusionó conocer a mi abuelo Eloy, esa es la verdad.

Su mujer, Filomena, mi abuela, vivió su viudedad con nosotros en la calle Albarderos. Tenía asma. Fatiga, decía ella, y dormía sentada en la cama. Eso nos impresionaba mucho.

Pedro Gutiérrez Puebla, arzobispo de Villarrobledo, era tío de mi padre. Otro tío, arcipreste cazador, socarrón, afín a Franco y amigo de Blas Piñar me inculcó tolerancia, bondad, buen humor y comprensión de las flaquezas humanas —él se encontró no pocas en su numerosísima familia— y terminó regalándome, sin saber de quién era la versión, la Biblia traducida por Cipriano de Varela, la mejor en lengua castellana, pero protestante y prohibida por el papa de Roma. La quemé en el seminario con ignorancia de sus méritos y con arrepentimiento posterior.

Durante la visita pastoral del cardenal de Toledo a Masegoso —en realidad lo llevó mi tío el cura, que era amigo, para que se diese un garbeo—, la María de Chuscarra se convirtió en su sombra y, por más que la animaban a callarse, al tres por dos gritaba ronca: «¡Viva el obispo de España! ¡Viva el obispo de España!». Y así todo el día. Hasta que, al caer la tarde, el cardenal se metió en el coche y la María, agotada de andar y gritar, lo despidió con un: «¡Anda el pijo, y qué descanso nos ha *dejao*!».

Mi padre, un ejemplar humano cuyas peripecias pintorescas llaman la atención, no tuvo nunca oficio ni beneficio. Tuvo un almacén de plátanos: los traía al por mayor de Canarias y los vendía a los fruteros de la plaza, en Albacete. Le duró un año. Enseguida se puso a jugar al póker profesionalmente. Los antecedentes hay que buscarlos cuando, con catorce o quince años, mi abuelo le puso una tienda en Balazote, a treinta kilómetros de Albacete; Pedro Gutiérrez, el hermano de mi abuela paterna, estaba allí de cura y se supuso que él velaría también por la buena marcha del negocio. A los dos meses de inaugurar la tienda, el cura escribió a mi abuelo y le dijo que su hijo Abel, mi padre, no había abierto el negocio ni un solo día. Que se dedicaba, mañana, tarde y noche, a jugar a las cartas detrás del mostrador con otros muchachos del pueblo. Aquello no era una afición, ni siquiera un vicio, sino una entrega vocacional al naipe como se han conocido pocas. Mi abuelo Julio le cerró la tienda y se lo llevó a Masegoso.

Le pilló la Guerra Civil, traspasada apenas la adolescencia, en zona roja, y la hizo hasta última hora en la región valenciana, donde más tarde terminó. Aquello le supuso, a partir de 1939, cuatro años de mili en Burgos, recién casado. Mi madre, de quien mi padre era sobrino de primo hermano, le dio un disgusto a la familia con esa boda, no por el parentesco sino porque, incomprensiblemente, lo de jugador de cartas siempre ha estado mal visto. El jugador tiene muy mala fama. Se le tiene por un sinvergüenza, pero a mi me parece el modo más honrado de conseguir dinero. Para ganar, se tiene que arriesgar lo mismo que apuesta el otro. Él vivió a lo largo de su ubérrima carrera mejor que muchos duques.

Es verdad que su profesión causaba algunos problemas, nunca demasiado graves. Un ejemplo: los primeros días de clase, los escolapios rellenaban una ficha con nuestros datos, entre los que figuraba la profesión del padre. Yo se la preguntaba y él, que comprendía que no era adecuado decirle a los curas que era jugador de póker, fue cambiando año a año, en una progresión matizadora que pretendía ahorrarme mi párvula vergüenza. Y ya que, rodeado de hijos de ingenieros, médicos y abogados, lo de «agricultor» sonaba a paleto, pasó al año siguiente a ser «agricultor propietario», y al tercero, harto ya supongo, me espetó: «Dile al cura que soy requeté. Que tu padre es requeté». Yo no sabía, a mi edad, lo que era aquello; pero el cura, cuando oyó que mi padre era «requeté», dejó el casillero vacío y me preguntó: «¿Tú es que eres tonto, nene?».

Hoy en día las cosas han cambiado mucho y la afirmación de la casta a la que se pertenece pasa por gestos como el de la niña que, preguntada por su profesora —amiga mía— sobre cuál era la profesión de su madre, afirmó que era «ama de chalé». Ama de casa le parecía poco y vulgar a la criatura.

Desde el punto de vista cultural o artístico, la influencia que pudieron tener sobre nosotros nuestros padres fue prácticamente nula. En casa nunca hubo un libro. O mejor dicho, solo dos. El misal de mi madre y *La paz empieza nunca*, de Emilio Romero, que estaba guardado en un cajón para que no lo leyésemos porque «era fuerte».

Mi madre escuchaba las novelas radiofónicas. A mi padre le gustaba la música y tocaba de oído, pero muy bien, varios instrumentos de cuerda: el laúd, la bandurria, la guitarra...

LOS PASTORES, labradores, *chicas de servicio*... parientes cercanos y lejanos, tías y tíos, amigos y amigas de mis padres eran gente de mucho carácter, perfectamente perfilado, de los que me acordaré toda la vida. Es lo que daba de sí una sociedad sin televisión, en la que sus componentes no eran fácilmente catalogables y mucho menos reducibles a número.

En ese magma, volcánico pocas veces y glaciar en menos ocasiones todavía, crecíamos los críos meramente zoológicos, roussonianos, con algún barniz de lobeznos de Hobbes o Plauto. Y sin ningún aliento volteriano, a excepción de Nuño de la Rosa, un compañero de curso de los escolapios que, con quince años, el día que murió Marilyn Monroe apareció en clase de luto riguroso.

LA CASA DE LA CALLE ALBARDEROS

YO VIVÍA EN LA calle Albarderos —entonces, por mal nombre, Jiménez de Córdoba— número 14 duplicado, en el primer piso, o entresuelo, que también se decía. Debajo estaban las cuadras —luego Bodegón Manchego— de mi abuelo Eloy.

En el piso de arriba vivían mis tíos, Leovigildo y Antonia —ella de Tinajeros—, y sus tres hijos: dos muchachas, Llanitos y Mari Pili, casadas hoy, la primera con Paco, teniente coronel de la Guardia Civil y, la segunda, con Isidro, que es de Barcelona, muy alto, y que tocó la guitarra y cantó *Sacco e Vanzetti* en los franciscanos el día de su boda; y el primo Leovi, soltero todavía, que estudió Medicina y luego lo dejó, y admirador confeso de las mujeres, aunque «en el plano teórico», según me explicó hace unos años.

La abuela Filomena recibía siempre al abuelo Julio con la salutación melancólica «que la vejez es muy mala», y el abuelo Julio decía que sí, pero estaba que daba gusto verlo y arrancaba los chaparros con una sola mano retorciendo el troncón en la tierra. Salían todas las raíces.

El abuelo Julio hizo dos cosas lamentables la noche de su boda: se orinó en la cama y se montó sobre el piecero al tiempo que lo arreaba para que caminase como una caballería. Hizo las dos cosas mientras dormía; pero la noche de la boda, ocurriese lo que ocurriese antes o después de ambos acontecimientos, que nunca nos lo explicó, tuvo que ser una ruina. La abuela Irene tuvo mal carácter toda la vida. Lo de aquella noche, aunque nunca se sabe, no pudo durarle tanto y mi padre, su hijo, achacaba aquella acritud a la desgracia de su hermana, única viva, Carmen, que por una meningitis se quedó tonta y murió con treinta y pocos años. La tía Carmen, a la que veíamos cuando visitábamos a los abuelos, sonreía sin parar, no hablaba y entreabría la boca continuamente. Ni su aspecto aniñado ni su sonrisa nos producían a nosotros ninguna simpatía, y eso que no babeaba, que hubiera sido el colmo, pero se le notaba mucho que no entendía lo que le decíamos y que ella no sabía tampoco qué decir. Sonreía, pero mal. Una sonrisa blanda y turbia. La abuela Irene cuidaba de su hija, de su marido y de las gallinas, conejos y perdices que tenía en el corralillo de las Casas Baratas de Albacete, donde vivían cuando yo los conocí.

En mi casa vivíamos, además de la abuela Filomena, que ya lo he dicho, su hija Irene, que era mi madre, Abel, mi padre, Abelín, mi hermano mayor y yo, que entonces era Pepe. Aún no había nacido mi hermana Rosi, en los tiempos de los que yo cuento esto, y debían de estar de muchachas, que se decía entonces al servicio, o la Társila o sus hermanas Licinia o Julia Tébar Reyes, que, de tan buen resultado como daban, las tres pasaron por casa.

También venía a echar una mano la María de Chuscarra, la que dejaba que se derritieran los helados para poder mojar pan en la salseja y aparecía con mucha frecuencia, casi siempre a media mañana, al templar el día, el abuelo Julio, que traía níscalos —*guíscanos* los llamábamos nosotros— y los asaba en la tapa de la estufa, con las rugosidades para arriba y chorreados con un hilillo de aceite de la alcuza. También se asaban boniatos y hasta huevos. Conviene probarlos, hechos en el rescoldo, envueltos en papel de periódico. Saben de otra manera.

A PARTIR de los años 48 o 49 mi padre se dedicó al póker profesionalmente. Sin más ocupación, oficio ni beneficio. Las pocas tierras que tenía las dio en renta, y otras las dedicó a cotos de caza, afición que él practicó en la modalidad con reclamo, siempre, eso sí, en época de veda y con el beneplácito de la Guardia Civil. Practicaban la caza de la perdiz «haciendo el puesto» y con reclamo: se pone encima de un montón de piedras «el tanto», a un macho de perdiz enjaulado. El cazador se oculta en el «puesto», un escondrijo hecho por él mismo con piedras y matojos a pocos metros de donde está «el tanto». El macho enjaulado canta para atraer a las hembras. Es la época de celo. Estas acuden, por más que, a veces, ya estén emparejadas. Depende, debe de ser, de que el canto del cautivo les prometa mejores coyundas que las que le ofrece su pareja actual. El cazador mata así a la hembra que acude encelada, y con frecuencia también al macho que la acompaña y que no pocas veces intenta mantenerla a su lado peleándose a través de los barrotes con el galán de la jaula. Según los cazadores, estas muertes producen gran satisfacción al macho sicario que promueve tal asesinato con su canto. Un tío de mi padre, el tío Virgilio, escribió un tratado del reclamo de la perdiz. No vendió ni uno y los tuvimos siempre en mi casa.

En esos menesteres estaba mi padre. Era uno de los dos o tres mejores jugadores de póker que había en España y un cazador estacionario de ventaja. En Albacete jugaba sobre todo en el Casino Primitivo, el de los ricos, y cazaba en el Cortijo de los Periquetes. Era un tipo de caza que estaba prohibida y la pareja de la Guardia Civil le dejaba los fusiles para cazar. Yo, que no pretendía ser héroe para nada, lo más heroico que hice yendo con él fue limpiarme el culo, en vez de con un guijarro, con un papel de Tabacalera que vi por allí tirado. Era un papel de un cuarterón de aquellos de tabaco de hebra, que te escocía el culo como no os queráis imaginar. Salí dando saltos y gritos.

Cuando era pequeño recuerdo que no podía dormirme hasta que él volvía del casino. Llegaba a las tres o las cuatro de la madrugada. Hasta entonces yo había estado despierto oyendo las horas del reloj del mercado, a cien metros de donde yo vivía, y las del reloj de pared del gabinete de mi casa. También oía las vueltas y revueltas de mi madre en la cama. Cuando mi padre metía la llave en la puerta del piso, yo caía definitivamente rendido.

Las dos cosas que más miedo me daban eran que no volviera mi padre y comer setas. Si había comido setas no me dormía hasta pasadas doce horas, porque me habían dicho que si en doce horas no te morías, no eran venenosas. Comíamos a las dos y media de la tarde, oyendo el parte, y hasta las tres de la madrugada, entre unas cosas y otras, sudando frío por miedo a morir envenenado, en el caso de haber comido setas, no podía conciliar el sueño.

En el catálogo de actitudes ilustrativas de mi padre, durante mi infancia, cabe resaltar el día en que subió a cuestas un piso, y llevó hasta los pies de mi cama, una moto Guzzi Hispania. Mientras la plantaba allí, me dijo muy orgulloso: «Mira lo que me he comprado», y yo, niño enfermo de pleuresía, me alegré mucho.

En la casa de la calle Albarderos, en el fondo de un baúl, se guardaban un mantón de Manila y una muñeca de cera, que nunca salieron de él, y, repartidos por varios muebles, simulaban actitudes muy vivaces un búho, un águila y dos pájaros carpinteros disecados.

La única vez que mi padre me mandó al quiosco de la plaza a comprar un diario —tendría yo ocho o nueve años— no sabía por cuál decidirme y compré *El Caso*. Quizás para compensar esa falta de libros, no había Reyes que no nos dejasen uno o más cuentos, de aquellos troquelados que traían una chuchería de plástico en la portada. Del que más me acuerdo, el que más me gustó, fue el de *Narcisín, el monaguillo*, que un día, limpiando la imagen de san Tarsicio, niño mártir, se cayó de la escalera y se mató. Aún recuerdo el dibujo de Ferrándiz, del monaguillo tendido en el suelo, con la nuca rota y la palma del mártir san Tarsicio entre los brazos.

Mi hermano Abel y yo, primero, y, luego, mi hermana Rosi, comprábamos tebeos, o los cambiábamos a la puerta del cine Capitol, los domingos por la mañana, antes de la «matinal», sesión doble de películas del género aventuras en sus subgéneros: romanos, indios, policías y ladrones o «febeí». Los tebeos que comprábamos nosotros eran los de una cincuenta, es decir *Pulgarcito*, *TBO*, *Roberto Alcázar y Pedrín* y *El Guerrero del Antifaz*, fundamentalmente; menos, *El Cachorro* y *El Capitán Trueno*; casi nunca, *Hazañas bélicas* y nunca, *Supermán* u *Hopalong Cassidy* —¿se escribía así?—; estos últimos porque costaban tres pesetas o un duro, no me acuerdo, una barbaridad. Además, eran americanos y se notaba. Yo me hacía un lío con los nombres, tanto que me daba pereza leerlos y me los saltaba. Dicho esto, diré que, de todas maneras, a mí los tebeos que me gustaban de verdad eran los que compraba mi hermana, los de «hadas», colección *Azucena*, sobre todo; nunca *Florita* o cosas de esas, que parecían también americanas. En los de *Azucena* salían muchas más chicas que en los nuestros y se enamoraban y se daban besos y abrazos apretados con los chicos.

Un domingo, con los dos duros que me dieron, compré una novela de la colección *Bazooka*, una novela de la guerra de Corea, creo, que me parece que no leí, por lo de los nombres, me imagino; pero era el primer libro que compraba y me sentía orgulloso y mayor. Sin embargo, no era el primero que leía, si es que llegué a leerlo. Mis primeras lecturas encuadernadas con pastas duras fueron la colección completa de *El Coyote* y los números de tres o cuatro años de la revista taurina *El Ruedo*. Los cogió mi padre de la biblioteca del Casino Primitivo y me los llevó a casa. Yo estaba en la cama con la pleuresía, que me duró catorce o quince meses. Además de la inflamación de la pleura, debía de tener alguna complicación en el riñón. Les preocupaba mucho un cerquillo arenoso que dejaba en el orinal. Estuve a antibiótico diario casi un año. Todo aquello me debilitó mucho. Según mi madre, se me transparentaban las orejas.

Venía Rafael, el practicante, a ponerme una inyección todos los días. Si no lloraba cuando me la ponía, mi padre me daba dos duros. Si lloraba, uno. Cuando me levanté, tenía un puñado de duros en la alcancía, había leído las aventuras completas de *El Coyote* y me sabía de memoria las tres últimas temporadas de Arruza, pero no podía andar y mi madre me sacaba de paseo en un cochecito de niño pequeño. Me daba una vergüenza espantosa que me vieran así.

El médico, don Ubaldo, me mandó entonces vino quinado y Calcio C, aquel líquido blanco, entre leche y horchata con retropaladar de cal y tiza, que me gustaba mucho. Me repuse poco a poco. Mi madre, como se puede ver, me engordó con gran talento. La comida de Albacete, cerdo casi siempre, es muy eficaz en este tipo de tratamientos.

Mi madre preparaba la carne de toro con un adobo de ajos, perejil, aceite y vinagre. Dejaba que se macerase durante la noche en el ungüento y al día siguiente lo freía y lo servía a la hora de comer. Eran unos filetes correosos, oscuros y de mucho sabor. Así nos comíamos al toro. A mí me gustaba mucho. No nos comíamos el toro entero, claro. La familia no daba para tanto. Éramos tres hermanos, los padres, la abuela Filomena y alguna de las chicas de servicio, Társila, Cilinia, Julia o la María, la que untaba pan en los helados y que luego se hizo testigo de Jehová. Entre todos nos comíamos tres cuartos o un kilo de toro.

Al toro lo había matado el día de antes Pedrés o Montero, por hablar de las glorias locales, o alguno de los Bienvenida, o un Vázquez, un Ordóñez o un Dominguín. Cuando empezaron a matarlos los toreros de la tierra —Chicuelo, Cabañero, Osuna o Manolo Amador—, yo o estaba en el seminario, y allí no nos daban carne de toro, me imagino que por temor a que sus apasionadas proteínas nos pusieran el cuerpo levantisco, o me había venido ya a Madrid, en donde no he vuelto a probarla.

En la época de la que les hablo, el mercado de Albacete tenía una arquitectura que yo recuerdo airosa, compartía solar con el barrio de las putas —uno de los de más febril actividad de las Españas— y albergaba en su interior, junto a menestrales de orden, gentes fieras.

Les pongo un caso: había dos carniceras, de Pedrés la una, de Montero la otra, a las que el *faturri* adjudicatario de puestos había, para más inquina, colocado frente por frente. Más de un lunes, por el resultado del mano a mano de los maestros albaceteños el domingo, los cuchillos de hacer filetes de las carniceras taurófilas volaron de puesto a puesto, sin, por suerte, hallar molla.

Las broncas en los tendidos —bendita plaza de Albacete, recogidita, en la que, te pongas donde te pongas, ves los toros como en casa— corrían de cuando en cuando a cargo de mi primo Davidín.

En realidad, Davidín es primo de mi padre, y su padre, el tío David, maestro represaliado después de la guerra, fue el que perfeccionó al mío en el arte del naipe hasta convertirlo en uno de los más eficaces jugadores profesionales de póker que se han dado en este país. Davidín estudiaba Veterinaria porque, aunque en la familia se le animase a adiestrarse en la Medicina de hombres —como su hermano Agustín, que terminó Psiquiatría—, según decía, «es preferible que se muera un burro a que se muera un hombre», dando por hecho que en el ejercicio de ambas profesiones, con la ayuda de Dios o con los solos méritos de la ciencia, la clientela se muere con facilidad.

Davidín, que siempre, todavía hoy, se ha mostrado sentimental, bondadoso y apasionado, se exaltaba circunstancialmente en el transcurso de algunas lidias, faltaba de palabra a algún feriante o a la autoridad y terminaba en el cuartelillo. Entonces mi padre, abandonando la secular e ininterrumpida partida de póker a la que ha estado sentado desde que yo recuerdo —excepción hecha de las noches de los Viernes Santos, o de los tres días que le hicieron efecto unos cursillos de cristiandad a los que asistió una vez—, iba al cuartelillo, amonestaba elocuentemente al primo y conseguía sacarlo de allí.

Fuera de estas ferias tan animadas —las taurinas de Albacete siempre han sido de una gran importancia en cuanto a número de corridas y calidad de sus carteles—, la empresa organizó durante un par de temporadas novilladas sin picadores. La entrada de sombra costaba diez pesetas, y yo eché allí, solo, muchas tardes de domingo. Son esos los momentos en los que aprendes a valorar al torero, porque el toro —«seis hermosos y escogidos novillos, desecho de tienta y defectuosos»— no tenía mucho que valorar ni tampoco mucho que comer.

Desde entonces he ido poco a los toros. Y no es que no me gusten o que me gusten solo con el adobo que les hacía mi madre. A mí me gusta ver lidiar y ver torear. Lo que no me gusta es la confusión. Y como desde hace años nadie lidia, yo me aburro, me enfado y, si no fuera porque me acuerdo de mi primo Davidín, de que esto no es Albacete y de que mi padre no podría sacarme del cuartelillo con la misma facilidad que allí, yo entraría en bronca casi todas las tardes.

Y no es que yo, aunque haya comido toro, sea desaforadamente violento —si hasta me gusta la canción francesa—, pero ¿por qué va a tragar uno más de lo estrictamente necesario? Ni con adobo, vamos.

Por Navidad pasaban a pedir el aguinaldo los empleados municipales y el Chato Metro, en realidad el «chato de Demetrio», su padre, sastre en Masegoso. El Chato pedía para beber, porque le gustaba mucho. Su hermana María no quería acompañarlo a Albacete. Decía que la gente estaba allí por civilizar, que ella saludaba a todo el que se encontraba por la calle y que nadie contestaba.

Para nosotros el momento más grande era cuando el día cinco, a las siete de la tarde, venían los Reyes. Ya sé yo que los Reyes llegaban por la noche a las demás casas. El día cinco, a las siete, nos sentábamos en la mesa camilla la abuela Filomena, Abelín y yo, y, poco después, cuando estábamos a punto de asfixiarnos por aguantar la respiración, aparecían mi madre o mi padre y decían: «Me parece que han venido los Reyes» y salíamos corriendo hasta el balcón. Ahí, en un canasto que poníamos, había varios juguetes. Los que habían querido dejarnos. Nunca escribimos una carta. Nunca pedimos nada.

Ellos nos traían siempre un cuento y rompecabezas, Juegos Reunidos, indios de goma... Nunca tuve ni fuerte para los vaqueros, ni tren eléctrico.

Mi padre hacía rosquillas, mantecados de vino, esos hojaldrados, blancos, roscas de naranja y los otros mantecados, con almendras. Y mi abuelo traía una culebra de mazapán, muy terrosa, securria, pero espectacular, llena de anisetes y con los ojos saltones. Y había una botella de anís, otra de coñac, y alguna de mistela o de Licor 43. En mi casa no se bebía alcohol y aquello duraba todo el año. Los que le pegaban mayor envite eran los matachines que apiolaban al puerco que, de entre doce y trece arrobas, nos daban en Verlupe.

De un año para otro el balcón de los Reyes era usado por Abelín y por mí para merendar cuando hacía buen tiempo. Estábamos muy orgullosos del trabajo del que hiciera los barrotes de hierro. Una filigrana incomparable con los de las Penalva, las pescateras que vivían enfrente, o los de Javierín, que vivía más abajo, andaba delicado del pecho, era huérfano de padre y tenía un belén monumental. Nuestro belén era recogidito, portátil casi, y le poníamos cielo y río y tío cagando y haciendo gazpachos...

En el balcón nos comíamos el chocolate Royal, un producto pésimo que sabía a barrillo, y veíamos pasar a la gente: al Chapín, al Tito, al Rafa, al tiempo.

Pocos años después mi hermana Rosi se incorporó al trajín balconero, pero lo hizo de una manera desacostumbrada, chupando las paredes que, a cortina corrida, quedaban ocultas en el rinconcillo de las contraventanas. Alguien diría que le faltaba calcio a la tía. Y yo no digo que no. Pero de que daba lametones con gusto sí que me acuerdo.

Ahora ya no hay balcones ni nada. Tiraron la casa hace años. Tampoco hay Navidad. Yo no la veo. Por muchas cartas que hayan escrito mis hijas a los Reyes, por más que hayan tenido los juguetes que hayan querido...

Anda que no pasa el tiempo. Y todo.

UN MAL ALUMNO

He sido siempre un mal alumno. No digo un mal estudiante; pero sí un mal alumno. Recuerdo solo de mi paso por las aulas los hechos más chuscos y los más lesivos para los que en aquel entonces enseñaban. Qué le vamos a hacer.

En Albacete, don Alonso, un maestro represaliado que abrió escuela clandestina en el salón de su casa, se adormilaba junto a la estufa y, formados en corro, nos hacía contar hasta mil. Cumplida la cuenta, alguien lo despertaba: «Don Alonso, que ya hemos llegado a mil». «Pues, empezad otra vez», decía él. Y volvía a dormirse. Ese es mi primer recuerdo discente.

También eran dignas de consideración las peleas que mantenía a diario con su señora, doña Rocío, cuando le pedía veinte duros para la compra —glosadas en mi mediometraje *Total*—. De don Alonso aprendía yo el relativismo. Yo le dije al que tenía a mi lado en clase: «El maestro no se llama Don Alonso. Se llama Alonso, pero "don" es una cosa que se pone». Y él: «¡Qué va!». Y yo: «Ya verás». Y fui a preguntarle: «Don Alonso, yo sé que usted se llama Don Alonso, pero, ¿a que el "don" es una cosa que se pone, porque usted de verdad, de verdad, se llama Alonso?». Me contestó: «Sí, hijo, sí». Y le dije a mi compañero: «Me ha dicho que sí, que se llama Alonso». Y él: «Voy a ver, que no me fío». Le pregunta: «Don

Alonso, ¿a que usted se llama Don Alonso?». Y contestó: «Sí, hijo, sí». Es la teoría de la relatividad.

También aprendí de él que la historia es la *magistra vitae*, averiguado esto mediante la mayéutica socrática: «¿Qué seríais vosotros en caso de guerra?». Unos respondían que marinos, otros de aviación, algunos de caballería. Yo dije que confitero. A cada cual según sus necesidades. Lo mío eran los pasteles.

No soy dado a la erudición ni a almacenar conocimientos. No porque me parezcan mal tales alardes, sino porque tengo la memoria flaca: olvido con facilidad títulos de libros y de películas o nombres y apellidos de amigos y conocidos, que es peor. A partir de las siete de la tarde se me olvidan los apellidos, y a partir de las ocho menos veinte más o menos los nombres.

Para memorizar son muy buenos los que estudiaron en los jesuitas, eso es verdad, pero yo estudié en los escolapios. En los de Albacete, además, cuyo colegio, como supimos años después de haber experimentado sus delicias, era el penal de los escolapios de la región valenciana. Lo que allí ocurría todos los días no es para contarlo en un auditorio de gente buena como este, que no querrá saber nada de sadismos, pederastias y otras lindezas.

Recuerdo que en los escolapios —tendría yo siete u ocho años— nos distribuían en *rutas*, que así lo llamaban. Los curas hacían dos filas, nos llevaban a los críos de la mano y nos repartían por donde sabían que pillaban nuestras casas. A mí me dejaban en la esquina de Teodoro Camino con la calle Mayor y enseguida llegaba a mi casa de la calle Albarderos. Un día, al terminar el reparto, Espinosa, un compañero con el que no tenía amistad especial ni enemistad alguna, me puso una zancadilla, me tiró al suelo y, mientras me daba patadas en la barriga, me dijo: «Me eres profundamente desagradable». Esa frase no se me olvidará en la vida. Yo nunca le había hecho nada, lo juro.

Otro ejemplo de mala leche escandalosa es el de don Fernando, un maestro seglar de los escolapios, cojo y colérico por más señas, al que todos los años, por su santo, le regalábamos algo. Aquel año le llevé una caja de bombones de licor que compré, con descuento, en la confitería de una prima mía. Herminio, hijo de un dependiente de una tienda de tejidos que se llamaba La Virgen de los Llanos, le llevó una postal. No hay que olvidar que en aquel tiempo un dependiente ganaba un sueldo miserable. La postal era un san José con grumos de purpurina pegados. Se la llevó en un sobre Ramón. Don Fernando lo abrió, sacó la estampa y le dijo: «¿Y esto me traes?».

El cura «Sancho», por lo gordo, obsequiaba a un interno, siempre el mismo, cada tarde de domingo, durante la sesión de cine, con un platanito repelado, sustraído al postre de la comida, que le era ofrecido en la boca al púber con mucho mimo. Íbamos aprendiendo cosas.

El señor Aparicio, que nos formaba en el «espíritu nacional» con correajes y camisa azul-falange, se quitaba el cinturón y, mientras aporreaba el tablero de la mesa con la hebilla, nos ilustraba a voces: «A los rojos había que darles así, así y así». También hay que decir que, muchos años después, supe que el padre del señor Aparicio, al que no le gustaban los rojos, había sido víctima de un «paseo» de anarquistas en el 37 y que ante un Aparicito niño, que nunca olvidaría el espectáculo, aserraron las piernas de aquel hombre, alto él, para que cupiera en el cajón que le iba a servir de ataúd.

Atando cabos, uno se da cuenta de que vive en un país repuñetero que enseña más a bofetadas que a consejos.

Cuando escribo «salón de actos», no puedo remediarlo, se me vienen a la cabeza el imaginable salón de pensamientos, el apetecible salón de los deseos o la cotidiana sala de estar, con la posibilidad alarmante de que esta cambie de escuela filosófica y se convierta en la abrumadora sala de ser. ¿No son todos los salones salones de actos? ¿Para qué están si no? Digo yo, sin ir más lejos, que al dormitorio, sin menospreciar otros ámbitos para ello, habría que llamarlo «salón del acto».

¿No será que se inventaron el nombre los padres escolapios de Albacete? Lo digo porque el salón de actos de las Escuelas Pías de Albacete entre los años 1954 y 1958 era, como poco, uno y trino, por lo que no me extraña que los reverendos que regían la institución por aquel entonces no acertaran a bautizarlo más ajustadamente. En definitiva, creo yo, hubieran querido llamarlo, y no se atrevieron, «Salón de actos de todo tipo». Pues bien, en la polivalencia apabullante de aquel espacio más que simbólico inauguré yo, como quien dice, la práctica pública de mi pasado.

Las dos paredes más largas del rectángulo aquel eran paredes, pero las otras dos paredes más cortas no eran paredes: una, ocupada en casi toda su extensión por unas puertas correderas, acotaba un espacio en cuyo centro se hallaba un altar, el altar, flanqueado por dos confesionarios. Abiertas las puertas y alineadas decenas de sillas cara al Santísimo, toda la sala se convertía en capilla. Cerradas las puertas, y giradas las sillas ciento ochenta grados, cara a un escenario oculto tras unas cortinas, en salón de actos. Y, cubiertas las cortinas del escenario por unas sábanas, cosidas unas a otras a modo de pantalla, en cine dominical. Allí teníamos, pues, a nuestro alcance desde el cuerpo y la sangre de Cristo hasta las praderas del oeste americano, sin olvidar la zozobra trimestral de la lectura de calificaciones desde el escenario. Y más actos.

Yo tomé la primera comunión —instruido por los escolapios— sin saber lo que era ni fornicar, ni no fornicar, ni desear a la mujer de tu prójimo, ni codiciar los bienes ajenos. El desconocimiento por mi parte del supuesto sentido de aquellos mandamientos hizo que comulgara a diario, sin confesarme y en pecado mortal durante meses, después de mi primera comunión. Pero ¿qué tenía que ver la fornicación del Decálogo con lo que yo hacía en el retrete? Ni con nada. ¿Dónde está escrito en las tablas de Moisés: «No te la menees, chaval»? Así, a las claras. Los únicos pecados mortales a nuestro alcance, según nos habían repetido mil veces los curas, eran no guardar ayuno antes de comulgar durante ocho horas y masticar la hostia. Y buenos problemas que tuve yo con las dos cosas.

¿Codiciarían los bienes ajenos los gratuitos de mi colegio? A los gratuitos —uniforme distinto, aulas distintas, recreo a horas distintas, otros profesores— les daban un vaso con unos polvos blancos que ellos rellenaban en el grifo del patio hasta tres veces, con la ilusión de que aquel líquido turbio del tercer relleno siguiera siendo leche. Yo lo veía desde mi pupitre con los mismos ojos con los que veía a la criada de los hijos de una de las familias más ricas de Albacete aparecer en el aula de vez en cuando con dos helados, «porque a los señoritos no les había dado tiempo de tomar el postre». Y se lo tomaban allí, ante nuestros morros y amparados por la sonrisa del cura.

¿Nos confesábamos de aquellos pecados en el salón capilla? Yo no, por no saberme empecatado; pero cuando, al cabo de unos meses, lo hice, no recuerdo en qué términos me referí a los hechos ni la penitencia de la que fui acreedor. Solo recuerdo la mano del cura buscando mis paletillas por debajo de mi camisa. Y cómo las sobó, un rato mediano y al ritmo de su admonición. El sobo, y no por parte del mismo sacerdote, se repitió dos o tres veces mientras yo recitaba la lección, subido a la tarima, a la vera del cura de almas y maestro de asignatura correspondiente.

Otro cura le arrancó una oreja a tirones a un amigo mío. Ese mismo cura le clavó un puntero en la espalda a otro. No había término medio: o nos tundían a palos o nos acariciaban mimosos.

La primera película que vi en aquel sitio fue *La túnica sagrada*. La primera que vi en mi vida, *Balarrasa*. Mi primer recuerdo, la comadrona con mi hermana recién nacida, tres años menor que yo, en sus manos: «Tan pequeña, la cría, y ya tiene almorranas», diagnosticaba al verle el centro del cuerpo. Mi primera mentira: «Yo no he sido», para que no me pegara mi madre. Mi primera película no tolerada, *El último cuplé*, oteando la pantalla desde la terraza de mi prima Carmiña, por encima de las tapias del Avenida, cine de verano, en un corral, al aire libre.

Supe años después de haber salido de las Escuelas Pías de Albacete que los escolapios, provenientes en su mayoría de la región valenciana, eran allí arrumbados para que purgaran en secano. Yo creo que más que penar pecados los practicaban descaradamente. De todo lo que ocurría en aquel polivalente salón de actos, se me han olvidado, y nunca mejor dicho, a Dios gracias, la culpa y el pecado. Y me quedan el cine, sin plátano, y una amplia supervivencia en la que navegar con códigos propios.

Estamos hechos de pasado. Somos solo pasado. Y, para bien y para mal, el pasado no hay quien nos lo quite. El presente no acaba de ser nunca. Lo que es presente al empezar a escribir esta frase —«lo que»— deja de serlo al llegar a «serlo». El pasado, hasta el del que nos absuelven los curas, según doctrina, puede cristalizar en estalactitas o estalagmitas en la cueva de cada uno. Suele hacerlo, y se convive como se puede con él. El presente es gaseoso, pasto de apariencias poco contrastadas.

En 1957 se murió Carmen, la hermana meningítica de mi padre, operaron de cáncer a mi madre, y mi hermano Abel y yo atrapamos un reuma que nos tuvo medio paralíticos de cintura para abajo. Mi padre decidió que, por aquel año, se había acabado el colegio. Nos embarcó en dos taxis a toda la familia y nos fuimos a pasar el invierno al Cortijo de Los Periquetes. El último tramo hasta llegar allí lo hicimos en caballerías. A mí me tocó una burra medio loca que de vez en cuando se salía del camino y echaba a trotar monte abajo con riesgo de descarrilamiento.

En el cortijo no había luz eléctrica. Nos iluminábamos con carburo. Allí, por primera y última vez en mi vida, vi parir a una cabra. Me llevé un susto de narices cuando vi que le salía algo por allá detrás. Entré corriendo en casa dando gritos: «¡Se está muriendo una cabra! ¡Le está saliendo una cosa muy rara por el culo!».

Estábamos mi hermano y yo un día echando la siesta. Fue la primera vez que vi cine. Por un agujero de las contraventanas entraba un filo de luz y yo veía en la pared enjalbegada, blanca, al hijo del labrador trillando en la pared proyectado como en un cine: la imagen invertida y la cabeza hacia abajo y él en la trilla con una mula, dándole con el látigo. Yo estaba fascinando viendo aquello y de repente oí un grito y salí corriendo. Mi madre se había hundido en el suelo de la cocina de cintura para abajo y de cintura para arriba gritaba moviendo las manos. A mí me entró un miedo y un susto de narices. Me acuerdo que me pellizcaba y no notaba la carne.

Yo dormía en un tarimón, debajo de donde estaban los jauleros con las perdices que utilizaba mi padre para cazar con reclamo. Los animalicos me rociaban todas las noches con los desperdicios de su comida y con parte de sus excrementos secos. En el suelo, sobre un colchón, dormía Rosa, la chica de servicio que nos habíamos llevado. Cada noche, al acostarse, me decía: «Prívate, nene, que me voy a desnudar». Entonces yo tenía que cerrar los ojos mientras duraba su desnudamiento. La verdad es que nunca los abrí. Así de tonto y de bueno era yo.

«Se es de donde se hace el bachillerato», afirmaba Max Aub, el mismo que, tras crear un universo, afirmó en su epitafio: «Hice lo que pude».

En segundo de bachillerato me pasé al instituto. El profesor de Geografía de segundo de bachillerato empezaba sus clases matinales, con cierta frecuencia, dejando que su mirada se perdiera por encima de nuestras cabezas durante unos segundos muy largos. Después, sonreía beatífico e inmediatamente justificaba así su felicidad: «Realmente, señores, he de confesarles que mi esposa es una perita en dulce». Nuestros doce años de potencial lujurioso recién estrenado se encrespaban al oírlo.

En el instituto tuve el primer suspenso de mi vida. El profesor nos pidió, como examen, que copiáramos unas láminas. Aparecí por clase con unas láminas excelentemente dibujadas. Las había hecho mi hermano. El profesor me dijo: «Hijo, esto no lo has dibujado tú». «Que sí, que sí he sido yo», respondí. «Verás cómo no. Venga, siéntate. Toma esa lámina y dibújala». Era la imagen de una cabeza de águila. Empecé a dibujarla y me salió fatal. «¿Lo ves como no has dibujado las otras? Esto que has hecho parece una gallineta». En septiembre me aprobó porque mi madre movió influencias, llamó a la mujer de un delineante que conocía al profesor de dibujo para que me aprobara porque, según el concordato entre la Santa Sede y el Estado español, el mismo que permitía a Franco entrar bajo palio en las iglesias, necesitaba yo tener aprobado el curso completo para ingresar en el seminario repitiendo segundo.

MI NACIMIENTO A LA LITERATURA

A LOS TRECE DE edad ingresé en el Seminario Menor de Hellín, para no quedarme sin amigos.

A mí me gustaba una chica —siempre hay una chica—, Rosa Mari, la vecina. Su padre era el dueño de la finca. Nos fuimos a vivir al primer piso y ella y sus padres estaban en el de abajo. Me gustaba mucho Rosa Mari, pero no me atrevía a decírselo porque sabía que no le iba a gustar. Yo era gordito, no tenía ningún atractivo, y Rosa Mari era muy mona. Y entonces los hermanos Tomás —César, Luis y Agustín— me dicen que se van al seminario. ¡Coño, me quedo sin amigos! Los tres en el seminario y yo a Rosa Mari no me atrevo a decirle que me gusta. O sea, que si me voy al seminario ya no tengo que decirle nada a Rosa Mari, dos pájaros de un tiro. Una noche, sentados en la acera, recuerdo que Luis Tomás dice: «Me cago en tu padre». Y yo le respondo: «A que no te cagas otra vez en mi padre». Me levanto y me pongo con los puños como el inventor del boxeo. Él, mucho más listo, mientras que yo hago ese movimiento, me pega un puñetazo en un ojo y me lo deja morado. El cartero, todas las mañanas, me decía: «¡Menuda hostia te pegó Luisito!». Fue muy doloroso aquello.

Semejantes impulsos tendrían que haberme llevado a la sospecha de que mi llamada al sacerdocio no era la expresión de la voz de Dios, sino el empujón de acaeceres humanos más a ras de tierra.

Inexplicablemente, fueron tres años estupendos. Estuve dos años en Hellín, en el Seminario Menor, y uno en Albacete, en el Seminario Mayor. Nunca he tenido tanto tiempo para pensar, para leer y para escribir. Creo que desde entonces he escrito todos los días de mi vida.

El método de enseñanza era estupendo. Las clases, de hora y media, estaban divididas en dos partes de igual duración. Durante la primera, vigilados por el profesor encargado de la materia, estudiábamos en silencio. Si teníamos alguna duda, acudíamos a su mesa y el profesor nos la aclaraba. Después, al comenzar la clase, tenías derecho a decirle al profesor que no te preguntase si no te sabías la lección. Y no te preguntaba. Eso sí, si ibas varios días seguidos con la misma monserga te mandaba al padre espiritual o él mismo se interesaba por las razones que te llevaban a esa situación. En resumen, no iban a pillarte, sino a que aprendieses.

No se planteaba, por lo menos en aquellos primeros cursos, el que fueras a hacer una carrera para llegar a dignatario de la Iglesia.

No todo en el seminario era noble, evidentemente. Pasé tragos jodidos. Los primeros meses me escondía para llorar. Echaba de menos a la familia. Pero poco a poco me fui sintiendo bien y me entregué a la causa incluso con fervor. Yo creo que hasta cogí fama de excelente seminarista.

Pero un día, don Félix, el rector, entró en clase de Latín, echó al profesor titular y se dispuso a dar él la materia. Para mi sorpresa, lo primero que dijo fue: «Cuerda, fuera de clase». Me fui a la capilla a llorar. No sabía por qué el rector me había expulsado. El hecho era grave y mi único consuelo posible era Dios, el Santísimo Sacramento.

Por cierto, perdóneseme el rodeo, yo respeto mucho a los que necesitan a Dios y se lo inventan. Cada uno coge las muletas que tiene a mano para andar por este pedregal del mundo. Yo cogí las del racionalismo en un momento determinado de mi vida y para unas cosas me ha servido y para otras, lógicamente, no.

Estaba ante el sagrario y le conté al Señor que don Félix me había echado y no sabía por qué. Le dije que me sentía muy mal y que quería ofrecerle ese sufrimiento a Él, que tanto había sufrido por nosotros. Así funcionaban las cosas y así funcionaban mis sentimientos entonces. Sonó la campana para salir al recreo. Salí al patio para reunirme con mis compañeros y don Félix me llamó: «Cuerda, ¿sabes por qué te he expulsado de clase?». «No», contesté. «Para ver si eras humilde y te ibas sin rechistar.» Volví a la capilla, me eché a llorar otra vez y le conté a Jesucristo bendito la prueba que había pasado... Ese tipo de educación era ya más morbosilla, ¿verdad?

Recuerdo que yo, que era de familia de clase media y mi madre me mandaba comida porque en el seminario no se comía demasiado bien —aunque demasiado bien comíamos para lo que pagábamos—, iba por las habitaciones de los compañeros dejando los alimentos que me mandaban. Ese hacer bien en el anonimato me llenaba de satisfacción morbosa, sobre todo cuando alguno de los beneficiarios venía a mí a agradecérmelo, seguro de que había sido yo el donante. Yo lo negaba y me enorgullecía todavía más de mi bondad.

Miserias de la caridad, uno de los inventos más pérfidos del cristianismo, que, en sustitución de la justicia, llena de buena conciencia a tanto fiel y a tanto millonario meapilas.

Recuerdo las lecturas del Seminario: *La imitación de Cristo* o *Kempis*, esa truculencia medieval, que tenía yo —regalo de mi padre—, en forma de miniatura regordeta en papel biblia, encuadernada en piel y con el filo de las hojas dorado. También leí, bien es cierto que sin mucho gusto y ningún provecho, el detestable *Camino* del infrahumano Escrivá de Balaguer, el que afirmaba que los pobres eran cosa de los franciscanos. Y recuerdo, con el cariño que siente uno por las propias debilidades que no hacen daño a nadie, los poemas y cuentos de Pérez Lozano, con esa lírica de algodón de azúcar, tan grata a las almas en barbecho. Un verano, el padre espiritual me dejó dos novelas: *La frontera de Dios* de Martín Descalzo y *Siempre en capilla* de Luisa Forrellad, dos premios Nadal. De vez en cuando, durante la lectura de estas novelas, me encontraba con un punto rojo. Al llegar ahí, según lo pactado por mí con el padre espiritual, debía dejar de leer hasta que encontrase un nuevo punto rojo. A partir de ahí podía reiniciar la lectura. Durante una semana cumplí el pacto. Después, busqué todos los puntos rojos de las dos novelas, pero fue para leerme, encendido como el moco de un pavo, lo que el cuidador de mi alma me había prohibido.

Hacia los dieciséis años yo no leía más que ensayo. Me parecía de buen tono ser existencialista, y le hincaba el diente como podía a Jaspers, a Heidegger, a Sartre. No creo que terminase ningún libro, pero sacaba material suficiente como para andar por la vida triste, serio y altivamente despejado. Como derivación lógica, yo era el que ponía la música en los guateques, lo que no quita para que fuera un libidinoso de alta graduación.

Leía mucha filosofía y despreciaba la novela. Eso no impidió que cayeran un buen puñado de Maxence van der Meersch, Knut Hansum, Saroyan, Hemingway... Y, entre los nacionales: Gironella, Ana María Matute, Concha Alós... Aunque, por las sinrazones que ya he dicho, el verdadero placer lo encontraba yo en leer libros de Ortega y Gasset, que, todavía no me explico por qué, llevaba mi hermano, el pintor, a casa, ya en Madrid, y los leía por las noches en la cama.

Pensaba que las historias que contaban las novelas eran simples historietas dentro de la magna historia del pensamiento, hasta que a los veinte años conocí a José María Carreño. Él me metió en vereda. Me animó a leer a Stendhal y a Baroja, a Stevenson y a Galdós. Poco a poco comprendí que el «espejo sobre el camino» de Stendhal reflejaba más sociedad que los libros de sociología que tanto me gustaban, y que *El árbol de la ciencia*, de Baroja, retrataba con patetismo inigualable al «hombre arrojado al mundo» de los existencialistas.

Allí, en el seminario, saltó la chispa. El Día de la Madre, el profesor de Literatura nos encargó a cada uno que escribiéramos un hermoso texto de felicitación a nuestras mamás. Yo, que por entonces no había escrito nunca algo que no fuera una carta, eché las patas para arriba y escribí aquello en versos octosílabos, el verso por antonomasia de la poesía española. Como el mester de clerecía, como el romancero o como *Fuenteovejuna*, picando alto. Aún recuerdo el poema. Comenzaba: «Y pensar que en la oración/mi pensamiento te abraza…».

El cura profesor, don Guillermo, en sus paseos con algunos de nosotros durante los recreos peripatéticos, empezó, por el método Gila, a aludir a «alguien ha escrito un texto muy bonito…». Y al rato: «A lo mejor hacemos un concurso con las cartas del Día de la Madre…». «Puede que se lleve el premio uno que ha escrito en verso…». Juro que nunca se me pasó por la cabeza que el premiado fuera a ser yo. Pero lo fui. Cogí fama de buen escritor y hasta se me encargaban textos para las grandes ocasiones. En latín incluso me hicieron escribir.

Desde entonces pienso que mi temprana e inducida afición a la escritura se debe a aquel aleccionamiento y, dado el origen, las fuentes y el lugar de los hechos, puede que no sea de extrañar que de ahí proceda la tendencia terca al sermón, que me acompaña con frecuencia. Mi nacimiento a la literatura fue, pues, en verso, como el de la lengua castellana. Recuerdo de memoria el poema entero. En él me refería a la Virgen, claro; pero solo Dios sabe si aquel pensamiento y aquel abrazo no tenían un destinatario interpuesto en la vecina de abajo. Ni amenazado con tortura lo recitaría ahora. Era malísimo. Espantoso. Pero con premio.

Tres años de seminario, de los doce a los quince, me hicieron adolescente latiniparlo, piadoso y perplejo. Monseñor Delicado, arzobispo que fue de Valladolid, enredado en líos contables por un ecónomo un pelín demasiado emprendedor, le sirvió a mi alma de padre espiritual durante mi último año en el seminario de Albacete. Monseñor Larrea, arzobispo que fue de Vitoria, era por el mismo entonces rector de aquel seminario. Terminado el curso, Larrea me llamó a su despacho y me dijo que, precedido como venía yo del seminario menor con fama de piadoso y brillante en los estudios, me había notado durante los últimos meses un poquito tibio. Y que, si quería, podía quedarme en mi casa y abandonar la carrera eclesiástica. Los amigos que vinieron a despedirse a mi cuarto, puesto que empezaban las vacaciones de verano, me hallaron llorando como una magdalena. Fueron con el cuento al padre espiritual y, convocado a su despacho, le informé de las palabras del rector. «¿Y quién es el rector para meterse en mis asuntos?», dijo, ofendido por la invasión de competencias.

Con frecuencia me ha gustado atenerme a la literalidad de las palabras como, a modo de juego, una manera de llegar a su sentido último: «Ministerio del Interior» siempre me ha sonado a institución que se ocupa de los tejemanejes del espíritu, del alma, de lo de dentro y que, en cualquier caso, no debía dejar su administración en manos de gobernadores civiles, comisarios de policía o guardias de la porra, sino en las de sacerdotes, espiritistas, adivinos o metomentodos. Mientras, «Ministerio de Asuntos Exteriores» se ocuparía de las cosas que nos importan mucho menos, las ajenas, las que, excepto que nos mueva solidaridad o misericordia —conceptos hoy tan anacrónicos—, nos importan una higa. El «Ministerio del Aire» es otra cosa, etéreo por definición. Antes, si llamabas a sus oficinas, para hablar con un sargento que en sus ratos libres hacía fotos de cuadros en las galerías de arte —caso real—, la telefonista te decía, a cualquier hora, incluso los lunes por la mañana temprano: «Aire. Dígame». Una hermosura.

Puede deducirse del párrafo escrito arriba que el «Ministerio del Interior» —padre espiritual— fue invadido por el rector, que me vio tibio, y que semejante desencuentro me puso de patitas en «Asuntos Exteriores» y me hizo perder la vocación sacerdotal *ipso facto*.

Cuando salí del seminario deshice mi pequeña biblioteca y se la regalé a mis mejores amigos de allí. La sotana se la di a uno de Molinicos que tocaba muy bien el piano y el órgano.

Un día mi padre nos convocó a mi hermana, a mi hermano, a mi madre y a mí a lo que llamábamos «gabinete» en mi casa de la calle María Marín de Albacete, junto al parque de los Mártires, llamado así no por san Tarsicio ni por santa Lucía, sino por los caídos en la guerra del bando de los golpistas. Era una habitación al entrar en el piso a la izquierda, en la que había un piano pegado a la pared y enfrente de él, un tresillo. Mi padre apoyó su culo en la tapa del teclado del piano donde solía tocar de oído el *Ven y ven* de Sarita Montiel, que le gustaba mucho, y nos invitó a sentarnos en el sofá. Cuando, obedientes, lo hicimos, nos dijo muy serio: «Es que estoy pensando comprar un coche y quiero saber si sabéis ir en coche». Perplejos, con los brazos cruzados sobre nuestros pechos, así, los cuatro permanecimos sentados durante un par de minutos que nos parecieron horas mientras mi padre nos recorría con su mirada de pies a cabeza y en panorámica hasta que dictaminó: «Pues parece que sabéis ir en coche, voy a comprar uno».

Estábamos allí tan formales que le pareció que seríamos buenos pasajeros.

Y compró un Seat 600 de segunda mano color rosa chicle que, como viaje inaugural fue a Hellín, donde yo estaba en el seminario, y volcó a medio camino. Mi hermano, me contaron luego, salió por la ventana dando saltos y gritando: «Estoy vivo, estoy vivo», y mi madre se hizo una brecha en la cabeza. Mi padre le cogió un poco de prevención a los vehículos, lo que no evitó que, años después, en la glorieta del parque —otra vez el parque de los Mártires—, al tomar mal la curva se subiera a la acera de la calle Tesifonte Gallego, lo que produjo el desanclaje del capó. Aquello impedía a mi padre ver más allá de sus narices. Cuando, en medio de gran zozobra, consiguió frenar después de un angustioso recorrido de bastantes metros y bajarse de la máquina, vio con espanto que entre el morro del coche y la pared había un anciano con las manos en alto en señal de rendición y que con gran serenidad respondió a mi padre cuando le preguntó si le había hecho algo: «Pues no me ha hecho usted *ná*, no, pero no creo yo que este sea sitio para ir con un coche». Estaba el hombre allí contra el morro y la pared, y tenía más razón que un santo.

El siguiente vehículo familiar ya no fue un 600 rosa chicle, sino un Seat 1400 verde oscuro. Lo estrenamos una mañana de enero de espesa niebla y, sin que mi padre pudiera evitarlo ni el animal tampoco, una cabra que cruzaba en mala hora una carretera lo embistió con su testuz y le partió el cárter.

Una tarde, con el fin de tirar a alguna pieza, iban en el Seat 1400 verde oscuro mi hermano, mi padre al volante y don Manuel, el cura, en el asiento trasero, cuando, no se sabe por qué, el cura empezó a manipular el arma, una Krupp o una Sarasqueta como las que había habido toda la vida en mi casa, y se le escapó un tiro que abrió un boquete en el techo entre las cabezas de mi padre y de mi hermano. Aquello les sirvió de ventilación y respiro del susto a los tres el resto del viaje.

Aquel coche era muy útil también para otro tipo de caza, en principio menos peligrosa pero más prohibida: se colocaban detrás de un conejo que saltara desde la orilla de cualquier camino, lo enfilaban con la luz de los faros entre las ruedas delanteras, dejaban que el coche sobrepasara al animal y este, al verse bajo aquella gran mole, indefectiblemente saltaba y se partía la crisma contra los bajos del auto. Así cazaban conejos a gogó.

IRSE A MADRID

Mi padre jugaba al póker en los altos del Círculo de Bellas Artes, en «Fuentecilla». Manolo Alexandre me tenía dicho que mi padre era un jugador duro. Yo no lo vi nunca; pero Manolo, sí. Decenas o centenas de noches hasta el alba. A estos jugadores profesionales se les ponía la piel lechosa por eso, por jugar todos los días, excepción hecha del Viernes Santo, hasta el alba.

Jugaba a la modalidad de póker que se llama sintético, dos cartas en la mano y cinco en la mesa que se van descubriendo. Participan doce o trece en la partida y es un juego muy científico, que se basa en calcular tus propias probabilidades y en averiguar las de los otros por cómo apuestan. También depende la jugada del aguante económico de cada uno, de su sangre fría...

Valga como acotación que para mí no hay dinero más limpio ni más legítimamente ganado que el del juego de envite. Al fin y al cabo, lo más que puede ganar el jugador es lo que el otro quiere ganarle a él. «Pongo tanto». «Pues yo tanto». «Pues gano yo». Pues te has jodido. Pero ahí nadie engaña a nadie.

Fruto de aquella actividad económica, mi padre adquirió tierras, la planta entera de un edificio de oficinas, una casa de viviendas en Albacete y un Barreiros, un Dodge Dart color granate, y no rosa chicle ni verde oscuro. Aquel Dodge Dart da para un largometraje.

Mi abuelo Julio, sentado en el asiento trasero, erguido como una estatua, mudo, con el sombrero calado hasta las cejas y con el garrote agarrado entre sus piernas como apoyo para prevenir repentinos frenazos, solo al cruzar el puente del Tajo en Aranjuez giraba la cabeza, y a través de sus gafas de culo de vaso contemplaba el paisaje y lo admiraba con envidia de hombre de secano. «¡Qué vega más hermosa!», y ya no volvía a hablar hasta que llegábamos a Madrid.

El día que nos avisaron de Barreiros de que había llegado el Dodge Dart y teníamos que pasarnos para rellenar unos papeles y hacer las últimas gestiones, mi hermano Abel y yo íbamos inquietos. No sabíamos qué actitud adoptar ante algo que había ocurrido y nos resultaba embarazoso. Un error en el apellido familiar plagaba todos los impresos, desde la carta de Correos hasta el encabezamiento de cualquier escrito, en un indeseable e inaceptable término que había convertido el Cuerda que nos caracterizaba en un «Merda» insultante. El empleado que nos atendió no podía reprimir la risa desde el momento en que, con exagerada indignación, mi hermano le hizo ver que aquel término era vergonzoso y que cualquier cliente menos benévolo que nosotros los hubiera mandado a la mierda a ellos.

En Madrid mi padre no usaba el Dodge, solo lo usaba cuando iba a Albacete a sus cosas, o a San Sebastián, en cuyo aeroclub de Guipúzcoa, en el bulevar, se organizaba todos los veranos, en sustitución del Círculo de Bellas Artes madrileño, la más importante partida de póker de España. Hasta que una mañana entró un comando de ETA y se llevó todo el dinero. Ahí se acabaron las partidas.

El azar quiso, nunca mejor dicho, que se hiciera con una vivienda a estrenar en el Paseo de la Habana de Madrid, puesta sobre el tapete por un importantísimo constructor, con merma evidente de su patrimonio.

«Nos vamos a Madrid, que he ganado un piso», sintetizó mi padre la tal hazaña.

Mi madre murió justo en esa época. La habían operado de cáncer cinco años antes. Yo me enteré de que se iba a morir porque uno de los últimos días que el médico fue a verla era de noche y bajé al portal para abrirle la puerta. Entonces me dijo: «Tú sabes que tu madre se está muriendo». Yo hice de tripas corazón y le dije que sí. No tenía ni idea, no sabía que había tenido metástasis. La veía mal, pachucha, el médico venía a verla, pero nada más.

La noche en que murió, mi padre, como cada noche, estaba jugando al póker. Mi madre me despertó y me dijo: «Llama a tu padre porque me estoy muriendo». Se sentó en una butaca del salón y yo me puse a darle la razón en plan de broma. Entonces me habló seriamente, al tiempo que me mostraba las uñas de las manos: «Es verdad que me voy a morir. ¿No ves cómo tengo las uñas?». Las tenía moradas.

Llamé a mi padre. Cuando él llegó, me acosté otra vez. Serían las cinco de la mañana. A las ocho más o menos nos despertó mi padre: «Entrad a darle un beso a vuestra madre porque se muere». Mi hermano y yo entramos en la habitación donde estaba mi madre y le dimos un beso. Mi hermana, que tenía once años, no quiso entrar, porque decía que le impresionaba mucho. Salimos y volvió a entrar mi padre. Al rato salió y dijo que se había muerto. Corriendo, me fui a la iglesia de los Sagrados Corazones, que estaba a veinte pasos. Le dije al cura que mi madre había muerto. Me acompañó a toda prisa y me reprochó sin acritud que no lo hubiera llamado unos minutos antes.

Mi hermano y yo nos acercamos a la funeraria para arreglar los papeles que nos permitieran el traslado de mi madre a Albacete. Durante todo el camino, pensaba que por qué no se habría muerto cualquiera de las personas con las que me cruzaba en vez de mi madre.

Fuimos a Albacete para enterrarla. Vinieron al entierro mis compañeros de seminario, los que eran más amigos. Estuve todo el rato, antes de la misa de *corpore insepulto*, contando chistes, riendo sin parar. Supongo que era una especie de huida hacia adelante o de pudor a mostrar mi tristeza. Ya en la iglesia, rodeado de silencio, empecé a llorar como un descosido.

Reconozco que soy muy llorón. Siempre lo he sido. Lloro todos los días. La última vez, esta misma mañana. ¿Por qué lo he hecho? No lo voy a contar, porque a quién cojones le importa que yo llore o no. Lo de enfatizar con la palabra «cojones» es importante, porque le da más cabreo a mi negativa a revelar el motivo.

En el colegio Athenea era compañero del famoso biólogo Mariano Barbacid. Cuando después del entierro de mi madre volví a clase, la profesora de Francés y de Historia, la señorita Ontañón me preguntó por qué había faltado tantos días a clase. Contesté que porque se había muerto mi madre. La mujer se quedó hecha polvo y todos me miraron compungidos. Yo, miserable, me sentí importantísimo en aquellas circunstancias.

Mi bachillerato transcurrió por dos o tres colegios de Madrid —hice cuarto, reválida y quinto en un solo año, gracias al buen enseñar del seminario diocesano, y aún me sobró latín para traducir a Virgilio en Preu y sacar matrícula— y recalé a última hora en un colegio de gran lujo, el Liceo Anglo-Español de la Colonia del Viso, en el que, por ejemplo, éramos tres de letras, y cuyo propietario y director era el señor Verdú, excelente educador de buenas vidas —un día nos invitó incluso a Vega Sicilia— y abuelo paterno, como he sabido luego, de Maribel Verdú.

Tuve un excelente profesor de Filosofía, Aurelio Guerra. Así que mi primer impulso a la hora de elegir carrera fue decidirme por Filosofía pura. Después pensé que me iban a atiborrar a tomismo, y yo lo que quería —ya he dicho en qué vericuetos filosóficos andaba por entonces— era estudiar existencialismo, mucho existencialismo. O sea, que en un alarde de saltimbanqui especulativo, decidí que lo propio en mi caso era estudiar Derecho. Aprender las reglas que regían la sociedad y estudiar la aplicación adecuada del lenguaje a los conceptos, porque, pensaba yo, en Derecho no caben errores, te equivocas y mandas a uno a la cárcel o al paredón por usar mal las palabras. Hay que ver hasta qué derivas empujan a veces las calenturas de pensar en barbecho.

Aurelio Guerra me pidió años después, cuando yo estaba en la universidad —o pasaba por allí oficialmente— y en una célula del PCE, de manera clandestina, que lo pusiera en contacto con gente del partido, porque quería ingresar en él. E ingresó, mediados los años sesenta. Luego he sabido que se hizo con colegio en propiedad, medio miembro del Opus —o miembro entero—, y de estas arriscadas derechas de ahora.

Sigue uno aprendiendo.

Cuando murió mi madre, el abuelo Julio vino a vivir con nosotros a Madrid. Vivíamos muy bien. Mi padre ganaba mucho con el juego. Una vez muerta mi madre, cenaba todas las noches con su amante en la marisquería La Trainera, en la calle Lagasca, que es de las mejores que hay en Madrid. Algunas veces yo me dejaba caer por allí y me inflaba a marisco. Veraneábamos como reyes en San Sebastián, me pagaba viajes de tres meses a París, me compraba un coche de vez en cuando...

El día que murió la amante de mi padre, casada por cierto con un hombre muy de derechas, liado, a su vez, con la mujer de otro linajudo fascista español, hicimos el duelo en su casa de Puerta de Hierro su familia y la nuestra. Nos pusimos pegados a una pared del salón las dos familias, la una a continuación de la otra, de tal manera que los que por allí desfilaban a dar el pésame lo hacían unos al marido y sus hijas y otros a mi padre y a nosotros. A partir de ejemplos como este, debió consolidarse la expresión «derecha civilizada».

El abuelo Julio era el hombre más elegante de la familia, y hablo en términos morales. El más divertido. Se le ocurrían unas cosas totalmente surrealistas. Tenía tendencia a vestir de pordiosero. Decía que ya no estaba en la edad de presumir, y se ponía la ropa más remendada y llena de lamparones que tenía. Un día fue a casa de un notario porque quería hablar de asuntos legales relacionados con unas tierras. Llamó a la puerta y la criada le dijo: «Espere usted un momento». Volvió y le dio una peseta. Cuando lo contaba se partía de risa. Era bastante provocador.

Un mediodía, muerta nuestra madre, adolescentes los tres hijos, mi padre suspendió la cuchara entre el plato de lentejas y su boca, nos miró a los tres y desembuchó su reflexión: «La verdad es que habéis salido buenos porque os ha dado la gana». Su idea de la educación era de lo más permisiva.

Mi hermano Abel es muy buen pintor. Expresionista abstracto, que dirían las etiquetas. Tiene la mala suerte de haber pertenecido a una generación entre dos aguas, porque cuando ellos empezaban a despuntar se puso de moda descubrir a pintores de diecinueve años. Fue una generación muy torpedeada.

Tengo también una hermana, Rosi, cinco años menor que yo. Se casó con Manolo Marinero, que era de nuestro grupo de amigos en los sesenta. El matrimonio duró seis meses. Trabajaba en TVE como *script* y ayudante de dirección. Nunca hemos coincidido en un rodaje. A ninguno de los dos nos hubiera gustado trabajar juntos cuando tuvimos ocasión. Hubiese sido una responsabilidad añadida ver si tu hermano o tu hermana lo hace bien, qué opina de ellos el equipo, etc. Bastante hay con lo que hay.

Mi hermana y yo acompañábamos a mi padre en esos veraneos donostiarras que duraban más de un mes y durante los cuales comíamos a diario en Kojua, Arzak, Nicolasa, Akelarre. Parece que los jugadores viven con la idea latente de que lo que no gastan en placeres en su momento pueden perderlo irremediablemente en la siguiente partida. Todos ellos iban acompañados de sus amantes, ninguno de sus mujeres. Mi padre, viudo, hacía sus conquistas en Biarritz y en San Juan de Luz para evitarnos el espectáculo. Yo recuerdo ver muchas noches a mi hermana sentada en un banco enfrente del aeroclub, entre dos de aquellas amantes esperando a sus hombres para ir a cenar. Uno de esos conciliábulos terminó cuando al levantarse del banco resumieron la conversación para mi hermana, adolescente, con un terminante: «Que lo sepas, hija, los hombres son muy malos».

Una de ellas, valenciana, guapísima, fue la heroína del verano. Su amante, guapísimo y valenciano, le gastó una mala pasada. Había ganado una noche a la ruleta en Biarritz mucho dinero y a la mañana siguiente compró un apartamento y le aseguró a la joven que iba a escriturarlo a su nombre. Al día siguiente perdió, y la amante se quedó sin apartamento. Pero ella por su cuenta lo trocó por el Lamborghini del guapo valenciano y se fugó. La hazaña la contaba el hombre durante la cena del día siguiente, muerto de risa, y reconociendo que ni sabía adónde había ido ni pensaba averiguarlo.

La perdición de mi padre no fue el póker, sino la ruleta. Empezó a ir al casino y se quedó sin blanca. Nadie puede contra la ruleta. La verdad sea dicha, la jubilación del naipe se da, más que por años, por merma y hasta extenuación de los caudales. Verdaderas tragedias se han visto. Alexandre podría contarles varias.

Por fin, casados los tres hijos, mi padre se quedó solo en aquel apartamento y empezó a hacer una vida desastrosa. Comía fatal, abandonó su higiene, cambió sus hábitos de jugador de póker por los de jugador de ruleta —«Es que ya hay otros que juegan mejor que yo», me justificó cuando le pregunté la razón del cambio de juego— y entró en barrena económica.

Llegado el momento, diagnosticado de Alzheimer, que nunca padeció, decidimos ingresarlo en una residencia. La noche anterior a comunicarle nuestra decisión no pegué ojo. ¿Cómo le iba a decir a alguien que había hecho siempre, y con todo lujo, lo que le había dado la gana, que lo aparcábamos en un lugar desconocido para él, en pleno campo, a setenta kilómetros de Madrid? Se lo dije tartamudeando y, sorprendentemente, aceptó la idea sin rechistar. «Lo que vosotros digáis», asintió mansamente. Mal debía de encontrarse para resignarse tan fácilmente.

El día que lo ingresamos, al pasar junto al salón en el que decenas de residentes jugaban a las cartas, sonrió, me dio un codazo cómplice y señalando a tanto jugador me dijo: «Fíjate que vicios más raros tiene la gente».

En los años que estuvo allí, hasta su muerte, nunca se sentó a echar una partida. Me imagino que por cinco duros no le compensaba. Se llevó bien con todo el mundo y era el encargado de colocar el cartel del menú del día en un tablón.

La primera visita que recibió de la que hasta entonces había sido su amante se saldó improductivamente. «Ha venido, se ha sentado en la cama a mi lado y no me ha dejado tocarle un pelo. Además, le ha dado prisas al capellán para que me confiese, porque estoy en pecado. El capellán le ha dicho que ya me ha confesado». «¿Y es verdad?», le pregunté. «Qué va», me dijo riendo. Los dos convinimos en que el capellán era un buen tipo.

Me enteré de su muerte en Venecia, donde mi mujer y yo habíamos ido a visitar a nuestra hija, que estaba de Erasmus. No llegamos a tiempo al entierro.

«NO PONGAS PIE A LA FOTO, JOSÉ LUIS», UNO

232466

MINISTERIO DE JUSTICIA
Registros Civiles

CINCO PESETAS

Serie BA № 791758

19 SET 1974

CERTIFICACION EN EXTRACTO DE INSCRIPCION DE NACIMIENTO

Sección 1.ª
Tomo 214
Pág. ———
Folio (1) 395 vº

Registro civil de ALBACETE
Provincia de
D. JOSE LUIS CUERDA MARTINEZ
(Nombre y dos apellidos del nacido)
*hij*o *de* Abel (Nombre) *y de* Irene (Nombre)
nació en ALBACETE
el día dieciocho (En letra) *de* Febrero
de mil novecientos cuarenta y siete (En letra)
(Para notas y otras indicaciones) (2)

Esta certificación en extracto sólo da fe del hecho del nacimiento, de su fecha y lugar y del sexo del inscrito (Reglamento del Registro Civil de 14 de noviembre de 1958, art. 29).

(Sello del Registro Civil)
REGISTRO CIVIL ALBACETE

CERTIFICA: *Según consta de la página registral reseñada al margen, el* SECRETARIO *D.* VICENTE CATALA BOVER
ALBACETE, *a* 19 *de* septiembre *de 19*74
(En los Juzgados de Paz, firmarán el Juez y el Secretario)

El Secretario

Importe de la certificación:

Tarifa Tributaria, n.º 32 (en pólizas)....	5,00	ptas.
Tasas (Decretos de 18-6-59, art. 4, y artículo 37, tarifa 1.ª)................	27,00	»
Busca (art. 40, tarifa 1.ª) (3)..........	—	»
Urgencia (art. 41, tarifa 1.ª) (4).......	13,00	»
Impreso (5)...........................		»
TOTAL	—	

(1) Se consignará el folio y no la página, si se certifica de libros ajustados al modelo anterior a la Ley vigente del Registro Civil; en otro caso, se consignará solo la página.
(2) Se inutilizará con una raya de tinta el espacio sobrante.
(3) CINCO PESETAS por cada período de busca de tres años, quedando exento el primer período de tres años.
(4) CINCO PESETAS cuando se despache dentro de las veinticuatro horas.
(5) Modelo oficial, de acuerdo con la Orden de 24 de diciembre de 1958.

Rivadeneyra, S. A.—Madrid.

«Si no llegan a hacer este certificado, no nazco».

«Somatén del Masegoso». Reconocidos: el tío Virgilio, el abuelo Julio, el médico del pueblo (manco) y su hija Blanca, que era la madrina.

«Primas». Mi madre, a la izquierda.

«Foto familiar con desgracias». Mi abuelo Julián, mi padre, la abuela Irene y la tía Carmen.

«Abel Cuerda en Masegoso».

«Mi hermana y yo». No es una foto de la comunión porque no la hice vestido de marinero, sino de Caballero de Calatrava.

«Celebración». Es la boda de alguien. Desde la izquierda: Abel Cuerda, José Luis Cuerda, Irene Martínez, Abel Cuerda senior, tío David (el que inició a mi padre en las cartas).

JUNTA DE CLASIFICACION Y REVISION SECCION DE RECLUTAMIENTO N.º 112

«Anhelo alcanzado por la juventud española de los años 70».

Don LUIS GARCIA HERNANDEZ TENIENTE DE OFICINAS, Secretario de la expresada Junta, de la que es Presidente el TENIENTE CORONEL DE INFANTERIA Don RAMIRO RODRIGUEZ VAQUERIZO.

CERTIFICO: Que en sesión celebrada por la expresada Junta el dia 25 de Agosto de mil novecientos setenta ha sido EXCLUIDO TOTAL *del servicio militar* el mozo CUERDA MARTINEZ, José Luis alistado en Chamartin con el nº 274 en el reemplazo de mil novecientos sesenta y ocho por hallarse comprendido en el caso 5 - del articulo D-2 del Reglamento de 27 de febrero de 1925, como incluido en el grupo 5- letra D número 2º del vigente cuadro de inutilidades

Y para que conste, expido la presente certificación visada por el señor Presidente en Madrid, a 5 de Abril de mil novecientos setenta y uno.

V.º B.º
EL TENIENTE CORONEL PRESIDENTE.

Registrado al núm. 212 Folio 60

DECLARACION JURADA que formula el mozo del Reemplazo de 1968, D. JOSE LUIS CUERDA MARTINEZ con domicilio en MADRID Calle Pº Urb. HABANA n.º 70, perteneciente a la Caja de Reclutas n. CIENTO DOCE

DECLARO Y JURO POR DIOS

Que teniendo que desplazarme a TODO EL MUNDO por los motivos de TRABAJO me comprometo a regresar a España en el plazo señalado, dar cuenta, por escrito, a la Caja o Cuerpo a que pertenezco. de mi marcha y regreso. presentarme a las Autoridades Consulares del pais o paises a que me dirija y, asimismo declaro que no me corresponde los beneficios de la Ley de 26 de Diciembre 1.958 (Servicio Militar de los españoles residentes en el extranjero).

Y para que conste, firmo la presente Declaración Jurada en

Madrid, 5 de ABRIL de 1971

JOSE LUIS CUERDA MARTINEZ

«Posibilidad anhelada por los mozos de reemplazo de aquellos años».

«Por algo estarán señalados esos dos». Escuelas Pías (ingreso). El otro señalado es Herminio Mestre. Están también el padre Riera y un tal Paños.

«El catecismo más famoso en español»; algún cura me lo regaló.

«Y decían que no iban a ir». Escuelas Pías de Albacete, 2.° de Bachillerato (aunque a mí me parecen muy jóvenes). Estoy arriba, el segundo a la derecha desde el cura.

«Punto en boca». A los 21 años.

A RUSIA, CON DOS COJONES

La universidad. Ay, aquella universidad. Facultad de Derecho en la única y Complutense Universidad de Madrid. Años sesenta. Yo soy del curso de Enrique Ruano, Santiago Varela, Félix Tusell, José María Brihuega, Vicente Aguillaume, queridos amigos muertos. Y del de José María Mohedano, Virgilio Zapatero, Jesús Fernández de la Vega, José Antonio Zapatero, Vicente Acebedo y tantos queridos amigos vivos. Convivíamos entonces codo con codo gentes de la democracia cristiana y comunistas, anarquistas y hasta monárquicos donjuanistas, con selectos miembros del Frente de Liberación Popular, a quienes en broma y cariñosamente preguntábamos, para cabrearlos un poquito, que si habían conseguido ya algún militante del proletariado. Todos juntos, a veces con algunos testarazos entre nosotros que hacían poca sangre, corríamos por las explanadas universitarias, pringados de anilina y macerados por las porras policiales. Y, de vez en cuando, ese era por lo menos mi caso, entrábamos en las aulas, donde podíamos encontrarnos con profesores que exigían que nos aprendiéramos de memoria el *Compendio* de Castro o el articulado completo del Código Civil. Conocidas esas mis obligaciones, ni volví nunca a clase ni, consecuentemente, aprobé la materia. O con aquel profesor de Canónico al que, con la esperanza de que me echase del aula, le pregunté si, según él y según la lógica derivación del discurso que se traía entre manos, los ateos eran «malos». Después de pensarlo unos segundos, y se le veía el pensar febril en el entrecejo, me dijo: «*Strictu senso*, sí».

Por supuesto, tenía que haber buenos catedráticos y excelentes profesores. Yo no los caté. Culpa mía, seguro.

Todo era estúpido para la cabeza y absolutamente inhumano para el corazón. Sin militar en ninguno de los partidos que funcionaban clandestinamente, yo me sentía avergonzado por lo que veía a mi alrededor: la insolencia y el cinismo de los poderosos y sus acólitos, y la vejación constante de la inteligencia y de la decencia.

El primer coche que conduje después del de la autoescuela fue en París, un once ligero como los que utilizaba la Policía francesa y que se ha visto en todo el cine negro francés con profusión y magnífica fotogenia. Jean-Claude era un estudiante de Ingeniería marsellés que había conocido en la ciudad universitaria del bulevar Jourdan y que por las noches trabajaba en el aeropuerto de Orly. Nuestro cometido —y digo nuestro porque a los pocos días de conocernos el coche había pasado a manos de un grupo de españoles, incluidos tres tunos, que hacíamos la noche parisina a bordo de aquello—, nuestro cometido, repito, era depositar a Jean-Claude en el aeropuerto y recogerlo a primera hora de la mañana en la Porte d'Orléans cuando volviera de trabajar.

La conducción del bicho tenía sus problemas. La palanca de cambios estaba en el salpicadero, y al meter alguna de las marchas había que sujetarla mientras quisiera usarla, porque, si la soltaba, saltaba y podía romperse el mecanismo. Además, no frenaba bien, por lo que Jean-Claude no dejaba de gritarme: «*Il faut pomper! Il faut pomper! Pomper!*», mientras me atizaba puñetazos en el hombro. Había que pisar repetidas, veloces y enérgicas veces para que el coche se detuviera.

Una noche en Pigalle, no sé a qué habríamos ido allí, repetí sin querer la hazaña de mi padre en la calle Ancha de Albacete. Me subí a la acera y dejé a la clientela prostibularia que frecuentaba aquel bulevar paralizada y con la libido por los suelos. No hubo heridos. Cuando Jean-Claude y yo quisimos irnos a Italia, con ese coche, de vacaciones, una noche, al aparcar, oímos un crujido, cayeron unas gotas de aceite al suelo y tuvimos que dejarlo para la eternidad en una calle olvidada de París. Y allí seguirá. Lo habíamos comprado a medias y nos hubiera costado más arreglarlo que perderlo de vista.

Al terminar segundo de Derecho, sin que nadie lo supiese excepto Félix Tusell, decidí que me iba a Rusia, con dos cojones. Yo no me iba a andar con chiquitas. A los doce años, al seminario, y a los veinte, a Rusia. El mundo occidental me parecía espantoso. Todo eran apariencias, espejuelos y arribismo. La sinceridad y la honradez estaban mal vistas. A quienes las ejercían, se les veía como unos cenizos, gentes destempladas que solo se fijaban en lo malo de la vida. Así que cogí el tren a París, cosa que venía haciendo desde hacía dos o tres veranos, para incorporarme a la editorial Armand Colin como mano de obra barata —allí enchufé también a Fernando Méndez-Leite, como *metteur à part* también—. Me presenté en la Embajada soviética para solicitar mi visado, y una señora gorda, fea y poco inteligente me dijo que yo no podía ir a

Rusia porque su Gobierno y el nuestro no mantenían relaciones diplomáticas. «Por eso he venido a París», le contesté. «Pues no puede ser», me dijo. Yo no quería volver a España, me había despedido de mis amigos. De mi padre, en San Sebastián, donde veraneábamos, al que, como siempre, le había dicho que nos veríamos en septiembre. Así que decidí ir a la Embajada checa. Pensé que también era un país socialista y, además, había una buena escuela de cine. En la Embajada checa me dijeron que había llegado tarde para solicitar mi admisión en la universidad, pero que escribiese a Radio Praga para ver si necesitaban a alguien de redactor o locutor de las emisiones en español. Al mes y pico de enviar mi solicitud, y cuando mi padre, que no comprendía mi tardanza, me reclamaba repetidamente que nos reuniéramos en San Sebastián cuanto antes, me llegó una carta de la emisora checa en la que me decían que no tenían ninguna plaza ni de locutor ni de redactor, pero que me mandaban unos papeles por si quería dedicar alguna canción a alguien. En comparación con mis expectativas de empadronarme en Praga y hacerme cineasta checo, algo totalmente ridículo.

Ese verano había alquilado una buhardilla en París para que viniera a vivir conmigo una compañera de la facultad con la que yo tenía una historieta. Ella era novia oficial de otro, pero me dijo que en París viviríamos juntos. Una vez allí, se instaló con dos amigas suyas de Filosofía y Letras. Yo no entendía nada. En Madrid nos habíamos acostado unas cuantas veces, pero cuando venía a la buhardilla de París no permitía el acceso carnal. Muy respetuoso, yo dormía sobre la alfombra y ella en la cama. Un día, saliendo de la filmoteca, me contó que estaba embarazada, que había echado cuentas y que el hijo era del novio oficial y que en París estaba intentando abortar. También me dijo que yo había sido un capricho para ella. Lo del capricho me pareció muy bonito a bote pronto. Nunca había sido un capricho para una mujer. Pero pasada la primera impresión, me di cuenta de lo terrible y absurdo que era todo.

Volví a Madrid sin contar en mi casa que había intentado fugarme, y entonces empecé a salir con otra compañera, amiga de la caprichosa, que no paraba de hablarme de un tal José María Carreño que estudiaba con ella Publicidad, prometedora carrera preñada de futuro.

Todas las historias empiezan con una mujer, todas. Carmen Briones, que con el tiempo llegó a ocupar la Secretaría General Técnica del Ministerio del Interior, regido por Barrionuevo. Carmen y yo habíamos empezado una juvenil relación amorosa, cuyos encuentros tenían lugar en un estudio, una vez más fruto de las ganancias poquerinas de mi padre, en la calle Augusto Figueroa.

Yo la esperaba allí todas las tardes y ella, que simultaneaba los estudios de Derecho con los de Publicidad en una escuela de la calle Fuencarral, llegaba a las citas siempre con retraso.

La tardanza se debía a las jugosas, según ella, conversaciones con un tal José María Carreño, compañero de estudios en aquella escuela.

Harto de retrasos y colmado de celos quise conocer al causante de los mismos. Fue en la cafetería Carbono 14, al lado de la calle Fuencarral. Yo, galleando ante mi chica, establecí enseguida con Carreño un duelo de brillanteces culturales del que salí malparado. A la postre, me sentí como uno de esos machos de perdiz que terminaban peleándose con el de la jaula, que era el que cantaba bien.

José María Carreño era un brillante lector, me daba sopas con honda, un excelente crítico de cine —su crítica de *Grupo Salvaje* de Peckinpah en *Film Ideal* fue modélica— y la persona que me enseñaría a mí antes que nadie a discernir lo que sí y lo que no de la vida.

Carreño era mucho más inteligente y maduro que yo, y yo luchaba para que mi novia no se fuera con él. El primer encuentro del trío hizo bueno lo que los protagonistas de una película de Raoul Walsh comentan resignados: «Una mujer para dos hombres siempre será una reina. Dos hombres para una mujer siempre serán dos payasos».

Yo, machito cuerniherido de sospechas, establecí un pugilato patético con José María, y en dos tardes nos hicimos amigos. Siempre he tenido amigos del alma. La amistad ocupa un lugar importantísimo para mí. Es un componente sentimental que nos inclina a ser mejores o peores, que nos lleva por un camino o por otro, y nos influye a vivir de una determinada manera.

Lo que me gustaba en aquella época eran los cineastas tipo Antonioni, el Bergman más metafísico. Quería ver cine importante. El equivalente al ensayo que tanto me gustaba leer. Seguía con mi idea de que las historias eran anecdóticas siempre. El pensamiento abstracto era jerárquicamente superior.

Al conocer a Carreño y a Fernando Méndez-Leite fue cuando empecé a ir a cineclubes. Allí, y hablando con ellos, empecé a valorar a Hitchcock, a Hawks, a Renoir, a Rossellini... Por medio de José María Carreño conocí a algunos de los mejores cerebros para el cine que podrían conocerse: los hermanos Jesús y Javier Martínez León, Manolo Matji, Ramón Gómez Redondo, Manolo Marinero, Antonio Drove, Jaime Chávarri, Emilio Martínez-Lázaro... todos ellos colaboradores de la revista *Film Ideal*.

De Carreño y de su peña me vino, puesto a ser narrador del siglo veinte, mi inclinación al cine, a la música americana, a la literatura americana, a la generación perdida, a Faulkner mismo y a... A todo lo que yo, ciego de teorías desde mi abandono del seminario, había repudiado como arte contingente: novela, poesía, pintura, música popular...

A FINALES de los años sesenta decidí que el mundo occidental era un espanto. Todo estaba inventado para satisfacción de unos pocos, con el forzoso concurso de unos muchos, que en múltiples modos de esclavitud les facilitaban una estúpida e innecesaria acumulación de capital que les perviviría por generaciones. ¿Para qué lo querrían si se iban a morir? Entonces me hice del Partido Comunista.

Ingresé en la célula de Derecho el mismo día y en el mismo acto en el que expulsaron a otro porque se sospechaba que podía ser un confidente. ¡Coño!, pensé, ya podían haber formalizado mi ingreso cuando el otro se hubiese ido. Si era confidente de verdad ya me tenía a mí fichado de regalo. No me encargaban muchos trabajos; pero uno de ellos fue tirar panfletos desde el reloj de la Facultad de Derecho. No me atreví a hacerlo. Dejé las octavillas en los váteres que estaban al lado de los seminarios para que quien quisiese fuera cogiéndolos. Esto me hizo reflexionar mucho sobre la relatividad de la cobardía. De hecho, otras veces me enfrentaba a los de Defensa Universitaria y les impedía que retirasen carteles o panfletos que pegábamos en el vestíbulo de la Facultad. El valor iba a días, como se ve.

En el momento en que supieron que tenía un Dodge Dart me retiraron de toda actividad política, me prohibieron ir a manifestaciones, participar en huelgas, y me hicieron responsable del reparto de toda la propaganda del partido para los militantes universitarios. Allí, en el maletero fastuoso del Dodge transportaba los

Mundo Obrero y *Nuestra Bandera,* y lo más importante para la policía, los sobres con los nombres y direcciones de todos los afiliados. Mi trabajo era muy simple: recogía todos los paquetes en una calle del barrio de la Prosperidad, los metía en el maletero y aparcaba el coche en la esquina de Antonio Arias con Sainz de Baranda. Alguien los sacaba del maletero, al que no se le echaba el cierre, y los transportaba a su vez, nunca supe adónde. Si te pillaban con todo aquello te caían veinte años de cárcel.

A mi padre no le importaba que yo fuera todos los días a la Facultad de Derecho con su coche, el problema es que aquel estilizado tanque gastaba gasolina a espuertas para un bolsillo como el mío, que disponía de veinte duros semanales para todos sus gastos, así que dejé de llevarlo muchos días a la Universitaria y le di otro uso.

La Economía Política de Naharro me la aprobó con notable, presentándose por mí —el delito ya ha prescrito—, Jesús Fernández de la Vega. El beato Gotardo Ferrini, a quien escribió oración fervorosa de recomendado rezo al comenzar sus clases don Isidoro Martín, bendiga a Jesús. Félix Tusell, que nunca pensó en producir películas como su padre, produjo la primera mía. Siempre se lo agradeceré. Enrique Ruano y yo corrimos juntos, hasta refugiarnos en Agrónomos, la última manifestación a la que acudimos. Él porque murió poco después, detenido con nocturnidad, por la policía política. Y yo, porque los responsables del Partido me retiraron de la circulación, para que me dedicase en exclusiva a repartir *Mundos Obreros* y *Nuestras Banderas.*

Una noche, antes de dormirnos, mi hermano Abel me lo preguntó directamente: «Oye, ¿tú eres comunista?». «Sí», me sinceré. «No me jodas», me contestó entre la sorpresa y el asombro. «Pues vas a tener que ir a la Dirección General de Seguridad a hablar con...» y me mencionó a un teniente coronel del Ejército, que trabajaba allí en el Servicio de Información o algo así y que yo había conocido por medio del vicealmirante. «Me ha dicho mi suegro que tiene una ficha tuya».

Llegué al despacho del teniente coronel, cagado de miedo. Me recibió afectuoso. Al tiempo que me sentaba frente a él pude ver una pila de carpetillas con el letrero «Top Secret» en su portada. Los papeles que colocó encima de la mesa no salieron de ninguna de esas carpetas, sino de un cajón.

«Mira, aquí dice: José Luis Cuerda, moderador de izquierdas», me dijo mientras me enseñaba una ficha de cartón. Yo no entendía aquello: «¿No será de izquierda moderada?», repliqué. Hasta tiempo después no llegué a deducir que aquella ficha aludía sin duda alguna a las veces que yo había actuado como moderador en reuniones, clandestinas o no, dentro de la Universidad. El teniente coronel me leyó la cartilla benevolentemente y rompió la ficha, mientras remataba: «Hijo, no te dejes engañar por los comunistas. Les gusta reclutar a gente como tú: buenas personas, inteligentes y bondadosas. Hale, vete y dale recuerdos a la familia».

El Dodge Dart dio mucho juego. Alguno de los detenidos del partido nos hizo llegar el dato de que en algún interrogatorio le habían preguntado por el señor mayor del Dodge. O mi apariencia, siempre de más edad de la que en realidad tenía, los confundía, o estaban involuntariamente vigilando a mi padre.

El Dodge Dart era utilísimo para tantas cosas: propaganda clandestina; chocar por impericia, descuido o azar; nido; guarida; alcoba de urgencia... pero era insostenible, tenía cincuenta y tres mil kilómetros y lo cambiamos por otro Barreiros a estrenar. El nuevo era un Simca 1000 azul y, como ya sabemos, no estaba mal, pero ¡es tan difícil hacer el amor en un Simca 1000!

Puede convenir a estas alturas llamar la atención sobre el hecho de que yo nunca haya durado más de tres años en aprendizaje reglado alguno. Ni en colegio, ni en seminario, ni en carrera, ni en el Partido Comunista.

Se dice hoy, dicen los que algo tienen que ocultar de su pasado, que no hay que volver la vista atrás. Ni a Carlos V, ni a la regordeta y macabra esfinge de aquel caudillo de España por la gracia de Dios. Tan poca gracia tuvo Dios con semejante regalito como tienen ahora los que, con Dios en ristre, quieren que olvidemos el pasado animándonos segundo a segundo a que lo convirtamos en presente.

Perdónenme si me pongo ontológico y hasta esdrújulo, somos solo pasado, el único presente es apenas la última «e» que acabo de decir al decir «presente». El futuro nos lo puede evitar cualquier ladrillo mal caído de uno de los muchos edificios que crecen orgullosos y desafiantes hoy en día en recalificados agros.

Una noche me desperté sobresaltado. Mi padre se había sentado a los pies de mi cama y me miraba fijamente. Eran las cuatro de la mañana. «¿Es verdad eso?», me dijo. Había leído un cuento que yo había terminado de escribir unas horas antes y que había dejado encima de la mesa del comedor. En él contaba que abandonaba la carrera de Derecho y que me iba de putas para celebrarlo. «A mí lo segundo me da igual», dijo mi padre. «Pero ¿de verdad dejas los estudios?». Lo vi tan preocupado que lo negué.

Durante años, lo mantuve en la ignorancia de mi abandono de la universidad y de mi nueva vida de librero realquilado en una papelería que, con el atrevido nombre de Arte y Cultura, tenía una amiga de mi hermana en la calle Alcalá. Vendía allí a comisión los libros que yo requería a las editoriales, casi todos de la «cáscara amarga», como se decía. Conseguí en depósito los fondos de Seix Barral, Ciencia Nueva, recién creada, y algunas otras editoriales, y pagué a tocateja los primeros ejemplares de Alianza porque, aunque recién creada también, no dejaba libros en depósito. Se vendían mucho, eran otros tiempos, los *Poemas y Canciones* de Bertolt Brecht, y recuerdo haberle recomendado y vendido el recién publicado *Cien años de soledad* a Miguel Bilbatúa, rojeras como yo, y uno de mis mejores clientes en Arte y Cultura. La clandestinidad nos obligaba a mantener nuestros respectivos secretos. Nunca supe si él sabía que yo sabía.

El negocio no era bueno. Yo me llevaba el cincuenta por ciento de las ganancias de los libros y el otro cincuenta se lo llevaba la dueña del local. Un mes con otro, de los cuatro o cinco que estuve, ganaría yo, y ella también, las tres o cuatro mil pesetas como mucho. Las cosas así, un día apareció mi patrona con la colección completa de *El Coyote*, advirtiéndome que de los ejemplares que se vendieran de dicha colección, en la que su padre, el antiguo librero, me dijo ella, siempre había tenido mucha fe, yo no cobraría ningún porcentaje, al haber sido ella la que la había llevado al negocio, y no yo. Me pareció mal. Nos peleamos. Las cosas se pusieron como para que me fuera y me fui. Me dio una indemnización de diez mil pesetas por quedarse con todos los fondos que yo había gestionado. Mi primera lectura, pues, coyote enmascarado ahora de margen comercial, me ponía en la calle.

Al llegar el verano, entré a trabajar en los servicios informativos de Televisión Española. Meses antes o meses después leí *El rojo y el negro*.

CUANDO INTENTÉ entrar en la Escuela de Cine y Jesús Fernández Santos, que formaba parte del tribunal de admisión, me preguntó que por qué quería hacer películas, le contesté que por convicción intelectual. Así de chulo. Pero con la duda en el alma de que aquella fuera la predisposición adecuada. Si uno quería ser narrador, pensaba yo entonces, aunque por supuesto ya no lo pienso, debía ser narrador cinematográfico. Otros, la mayoría de mis recientes amigos, querían hacer cine como una prolongación natural de su condición de «cinéfilos». No se lo «imponían» a sí mismos, como hacía yo. Aquello, que yo defendía como lo óptimo y natural, no le sentó nada bien a Jesús Fernández Santos, que debía compartir conmigo, y no vergonzantemente, la misma pretenciosa teoría.

Párvulo entre jóvenes doctos en cine, que unos aprobaban y otros suspendían en sus intentos de ingresar en la escuela, y convencido mi padre a esas alturas de que no reanudaría los estudios de Derecho —a pesar de sus animosas conversaciones con el padre de Gallardón para que me guardara plaza en su despacho, si yo terminaba la carrera—, decidió facilitarme el camino para que hiciera, si no cine, algo que se le pareciera, y movió hilos entre sus amigos de los alrededores de TVE.

PANORAMA DE ACTUALIDAD

En 1969 ingresé, por enchufe paterno, en TVE. El subdirector de la *Hoja del Lunes* era compañero de juego de mi padre en el Círculo de Bellas Artes, y por medio de él, del crítico de su periódico, Enrique Corral, y de Rosón, entonces director de TVE, fui a parar ante Miguel Martín, subdirector de Informativos no diarios. Martín llamó a Pedro Erquicia y le dijo: «Parece que este es perro fiel. Encárgale un reportaje y, si lo hace bien, que se quede. Y si no, que se vaya a la puta calle». Palabras textuales.

La verdad es que, una vez dentro, nadie me exigió nunca el cumplimiento de tal observancia. La relajación de los últimos años del régimen —con coletazos asesinos de fusilamientos— tragaba prácticas clandestinas sin demasiado celo. Hasta el extremo de no oler siquiera mi militancia en el PCE; aunque sin que estuviera encuadrado en ninguna célula, ya que la de TVE hacía poco que se había desarticulado.

Ese primer trabajo fue para *Panorama de Actualidad*, un cajón de sastre que se emitía antes del telediario de las tres de la tarde y que dirigía Erquicia. No debió disgustarles, porque me quedé allí varios años.

Componían el programa reportajes y entrevistas, dedicados a satisfacer compromisos que los altos cargos de la casa habían contraído con jerarcas sindicales, ministeriales, municipales, que se lucían así en la pantallita para orgullo de familiares y amigos. También aparecían componentes de la fauna y flora del mundo artístico de rango intermedio. Y con periodicidad semestral, más o menos, un cura al que Fraga había puesto despacho en su Ministerio de Información y Turismo para que estudiase la figura del sabio mallorquín Ramón Llull, asunto que daba como resultado uno o dos libros al año y las consiguientes entrevistas en *Panorama de Actualidad*.

También visité por primera vez un campo de fútbol para rodar los goles de los domingos. Pagaban el doble que por mis colaboraciones en el programa de Erquicia y se emitían siempre, cosa que no ocurría en *Panorama de Actualidad*. Como la emisión contenía espacios en directo, si se alargaba el minutado y tu reportaje estaba previsto para emitirse el último, cosa que ocurría si les gustaba especialmente y era privilegiado situándolo a la hora de más audiencia, pegado al telediario, no se emitía. No cabía. Y, si no se emitía, no lo cobrabas. Paradójico castigo a la ¿calidad? del producto.

En el control de realización de *Panorama de Actualidad* conocí a Forges, que actuaba de mezclador de imagen, trabajo relativamente relajado que le permitía adiestrarse en la confección de las viñetas y dibujos que lo delatarían como genio. Los dibujos que ilustraban algunos pasajes de la emisión eran obra del gallego animoso, desmedido y jocundo Julio Cebrián, con quien, años después, compartí vecinazgo en la calle Pez Austral.

El fútbol, siempre mejor pagado que cualquier otra cosa, también tenía sus complicaciones. Un domingo, al advertir la noble afición vizcaína que nos habíamos instalado en el palco que se nos reservaba en San Mamés para rodar los goles, dirigieron todas sus miradas hacia nosotros y corearon al unísono cual orfeón poderoso y afinado: «¡Hijo putas! ¡Hijo putas!». El domingo anterior, al cámara encargado de registrarlo se le había escapado un gol. De ahí la furia. Ese hecho imperdonable se producía con alguna frecuencia cuando al cámara que debía captarlo le gustaba mucho el fútbol, se entusiasmaba y seguía la jugada en vivo, en vez de a través del objetivo y pulsando el gatillo de grabar.

En Informativos solo se podía aspirar a hacer vistosas tonterías. Después de aprobar las oposiciones para ser programador-adaptador, trabajé en el Departamento de Programas Culturales con Gonzalo Vallejo y Manolo Serrano. Mi trabajo consistía en leer guiones y proyectos, y en seleccionar documentales para distintas emisiones.

Tiempo después hubo «ascensos». Ramón Gómez Redondo dejó la dirección de *Galería*, revista de las artes y las letras que emitía la segunda cadena, y pasó a realizar *Los pintores de El Prado*. Entonces, por decirlo así, «heredó» la dirección de *Galería* Fernando Méndez-Leite. Luego Fernando dirigió algunos episodios de la serie *Los libros*: *Niebla*, de Unamuno, y *El club de los suicidas*, de Stevenson. Yo pasé entonces a dirigir aquella revista de letras, cine, música, pintura, etcétera. La llamamos *Cultura 2*, y tenía como colaboradores a José Luis Jover y Javier Tusell, entre otros.

Estuve un año en el programa. Después pensé que con lo que no hubiese hecho en un año en una emisión de este tipo, no lo iba a hacer en dos. Me apetecía trabajar con actores, así que pedí la excedencia para poder convertirme en realizador-colaborador.

Por aquella época rodé en super-8 *Colgar los hábitos*, un filme que duraba veinte minutos, con Rosa María Mateo de protagonista y Javier Martínez de León y José Luis Rubio de coprotagonistas. También intervenía José Julio, que fue jefe de prensa de Las Ventas.

Contaba la historia de unos frailes expulsados de un convento por meter en los escapularios trocitos de hostias consagradas para aumentar sus efectos salutíferos. Cerca del convento del que se les expulsa encuentran a una mujer muy hermosa que está enterrando a un muerto. Esta mujer, que es muda, los acoge en su casa, y ellos, poco a poco, se enamoran de ella. Descubren que lo que hace la mujer habitualmente es llevar hombres a casa, meterlos en su cama, matarlos, robarles y enterrarlos. Los frailes exclaustrados terminan ayudándola en su trabajo.

Me compré una cámara de 16 mm, una Bolex Paillard, de cuerda. Con ella rodé *Los orígenes del reino* y *Regreso a la colina*. Los planos no podían durar más de quince segundos.

Los orígenes del reino la rodamos en un piso que teníamos José María Carreño, Fernando Méndez-Leite y yo en Velázquez, 72. En el piso de arriba vivía Antonio Drove con Ángela, su primera mujer, su hijo David y un perro. Nuestro piso no tenía muebles, y José María y Fernando se veían negros para pagarlo. Como una manera de amortizarlo, digo yo, lo aproveché para rodar en 16 mm una película con Mercedes Juste, Jesús Martínez de León y Miguel Marías. Dos hombres estaban fascinados por una mujer, y la verdad es que no recuerdo cómo seguía.

Rodamos *Regreso a la colina* en La Colina, una finca que tiene la familia de Manolo Matji por Boadilla del Monte. Volvía a ser una historia de una mujer y dos hombres. La protagonista era una chica francesa, Denise Goyenetxe. Los actores eran Manolo Matji y Fernando Méndez-Leite.

Poco antes de la muerte de Franco, a Rafael Ansón se le ocurrió la idea de cerrar las emisiones diarias con el rezo de un padrenuestro. Gonzalo Vallejo, como jefe del Departamento de Programas Culturales, era el encargado de llevar adelante el proyecto. Para decidir quiénes realizaban esos padrenuestros, echó mano de una lista de realizadores-colaboradores en la que comprobó que Fernando Méndez-Leite, Josefina Molina y yo éramos los que menos habíamos trabajado ese año y, consecuentemente, los que menos habíamos cobrado. Nos eligió para hacer los padrenuestros. La idea era hacer unos «padrenuestros sociológicos», con imágenes de gente de la calle, normales. Sin misticismos ni cursilerías. Una voz, que no fuera la habitual de un locutor —demasiado profesional—, rezaría el texto. Por cada padrenuestro, se nos pagarían seis mil pesetas, y haríamos treinta cada uno. Pensamos que había venido Dios a vernos. Los hicimos. Al verlos, Rafael Ansón, según mis noticias, se hizo asesorar por Chicho Ibáñez Serrador y Pedro Amalio López, que era, por aquel entonces, jefe de realizadores. No quedaron muy satisfechos. Alguno de ellos dijo que a quién se le ocurría encargar *padresnuestros* a tres ateos, y que aquellos *padresnuestros* eran socialistas. Gonzalo Vallejo argumentó que él no pedía partida de bautismo para encargar trabajos a realizadores. Aquellos no nos los pagaron y, para compensar, nos encargaron otros más píos.

Entre unas cosas y otras, año tras año, yo tiré allí —casi siempre en el sentido literal de tirar, a la basura del olvido— más metros de película que entre Bardem y Berlanga juntos. Poco a poco, la importancia de mis colaboraciones con *La Casa* fue en aumento e incluso me estrené en la escritura y la dirección de un mediometraje, basado en la excelente novela de Ernesto Sábato *El túnel*, con el que pude demostrarme a mí mismo que sabía rodar planos que pudieran pegarse unos detrás de otros, que los actores buenos son mejores que los malos a la hora de dirigirlos y que se sufre desproporcionadamente haciendo cine. De eso se trataba.

Durante el rodaje en Barcelona me instalaron en el hotel Colón. Desde mi ventana se veía la catedral. Aquella mole se quedaba chiquita al lado de la que yo notaba sobre mis vísceras. Le escribí desesperado a Méndez-Leite. El trabajo de dirigir películas era una mierda. El último día de rodaje ni siquiera fui a la comida con todo el equipo. Sin consultarme nadie nada, se había decidido que, faltaran los planos que faltaran —y todo el mundo sabía que faltaban algunos que se habían quedado colgados—, el rodaje terminaría a mediodía. Todos, menos yo, eran personal fijo de Televisión. Hicieron causa común y no me dejaron rodar esos planos. A pesar de todo, quedé contento de lo que creía que era lo más difícil: la narración es correcta, los planos son los adecuados. Quien no haya rodado nunca no sabe lo difícil que es que los planos peguen uno detrás de otro en la escala correspondiente.

Creo que *El túnel* puede verse sin necesidad de perdonarme la vida.

FIN DEL MUNDO TOTAL

En 1982 mi amigo Félix Tusell, que había terminado la carrera de Derecho, no como yo, me invita a dirigir mi primer largometraje. Hacía unos años que su padre, Jordi Tusell, había abandonado la presidencia de Estela Films, la productora con más años de actividad del cine español. El hombre se sintió estafado por Fraga que, como ministro, le había prometido su apoyo para realizar tres proyectos de los que solo se hicieron dos, y uno de ellos fue prohibido por la censura.

Félix, que no pensaba producir cine, asumió la responsabilidad de rehacer la economía de Estela, maltrecha tras el descalabro de las tres —dos y una de ellas prohibida— películas fraguianas. Para ello coprodujo con Italia una serie de *westerns* y comedias que pusieron de nuevo a flote la productora. Conseguido esto, y sin que yo lo hubiera sospechado siquiera, me propuso producir mi primer largometraje, siempre que el presupuesto no pasara de quince millones de pesetas y fuera una comedia. Él había leído dos o tres guiones míos. Ninguno era comedia, y sobre todo el último, el que luego se convertiría en *Mala racha*, era un dramón.

Me gusta la historia de *Pares y nones*, para mí deudora del cine francés, del cine de Eric Rohmer, del cine de François Truffaut... También del cine de Woody Allen, que siempre ha sido uno de mis directores y guionistas favoritos, porque creo que profundiza en la psicología movediza del ser humano con un talante cómico digno de mención. A lo de los quince millones yo no le vi ningún problema, pero a la hora de decidirme por la comedia le puse como condición la frase de *Cortina rasgada*, de Hitchcock. La haría si «por una parte podía tener mucha, pero, por otra, maldita la gracia que tenía». Pues las películas de Woody Allen son así. Y *Pares y nones*, poco comprendida por la crítica, que la homologó con lo que entonces llamaron «comedia madrileña», tiene algo radicalmente distinto a la «comedia madrileña», y es que su final no es un final feliz. Por un lado tiene mucha gracia, pero por otro, maldita la gracia que tiene.

Antes de escribir el guion, ya estaba pactado con Félix Tusell que Antonio Resines sería el protagonista. Antonio era entonces un actor del tipo Jean-Pierre Léaud. Podías aprovecharlo e incorporar a un guion su manera de hacer y de decir las cosas para crear un personaje que comunicara con mucha facilidad con el espectador. Yo buscaba esa conexión inmediata para, a partir de ella, hablar de las cosas que a mí me interesaban y de lo que fundamentalmente he seguido hablando en casi todas mis películas: de la represión sentimental, de la manera en que uno retuerce sus propios sentimientos o los de los demás, del autoengaño. Es mucho más fácil ver lo que uno quiere ver que lo que hay en realidad.

Todos esos materiales se encuentran en el magma de *Pares y nones*, y el valor que pueda tener como película será mayor o menor en la medida en que estos temas estén reflejados.

Los personajes son deudores de una civilización en la que existe mucho comentario de las cosas y poco análisis de ellas. Una época glosadora, en la que todo el mundo cree tener opinión de cualquier asunto, pero en la que se considera de muy mal gusto analizar o juzgar. Es decir: emitir juicios a partir de unas premisas teóricas que se puedan tener sobre algo. Todo esto nos hace vivir en un mundo de apariencias. En *Pares y nones* se plantea este panorama de puro formalismo: «Quiero ser artista y que se me vea. Por lo tanto, hago cuadros muy grandes». Eso es lo fundamental. Luego, también es verdad que cuando se pone a pintar hace una abstracción lírica que no está nada mal, pero que él no plantea como tal. Efectivamente, todos los personajes tienen las cosas muy poco claras, quizás a excepción del personaje que interpreta Sílvia Munt, que, a base de rechazar tonterías y frivolidades, tiene más o menos claro lo que no quiere; no tanto lo que quiere. Es el personaje que más sabe de la vida.

Yo no creo en historias de amor con final feliz, soy demasiado pesimista, pero trato de aplicarle mi sentido del humor a lo que escribo. Por eso mis comedias sentimentales favoritas pueden ser *Dos en la carretera* o *Desayuno con diamantes*. Necesito complejidad, contradicción incluso, en los caracteres de los personajes, para que me interesen las comedias. Los personajes pueden ser adolescentes, inmaduros, pero la mirada del director no debe serlo.

En *Pares y nones* yo hacía una reflexión por boca de Agustín González, que en un momento determinado le decía a Resines: «En definitiva, tú tampoco te casas nunca con quien quieres, sino con quien puedes». Entonces, ¿cuál es el ideal de plano para una pareja que se mira a los ojos y se enamora inmediatamente? Desde luego, es mucho más llamativo —por usar un adjetivo de bajo tonelaje— que la pareja se enamore mirándose a los ojos al lado de las cataratas del Iguazú y que ni se den cuenta de que allí está el Iguazú cayendo. Lo mismo que un acto amoroso perentorio es más perentorio si se hace en la cocina y en el suelo que si se hace en un dormitorio... Hay que elegir el escenario más elocuente, pero dentro de una escala enorme.

Me gusta planificar exhaustivamente. Y con un criterio de estricta funcionalidad. Creo que esa preocupación la he tenido desde *El túnel*, y la mantengo. El director establece la naturaleza de su narración por la distancia a la que coloca la cámara de los hechos que suceden delante de ella, por la delimitación del espacio con el encuadre, por los movimientos que hacen los actores y los demás elementos móviles dentro del cuadro y por los desplazamientos de la cámara. Eso —a lo que se añaden los estímulos de la banda sonora— determinará la manera en que el espectador vea y oiga la película. Un movimiento de cámara es el equivalente a coger por el cogote al espectador y hacer que te acompañe. Si eso lo gastas en llevar al personaje al servicio para mear, cuando lo lleves a la cama donde lo está esperando su amante, que está deseándolo desde hace ochenta y dos minutos de película, habrás devaluado terriblemente ese movimiento de cámara, ese decirle al espectador: «Vente conmigo, que ya verás lo que nos espera».

POR ENTONCES, estuve a punto de hacer una serie sobre unos exiliados argentinos que montan un café-teatro en Madrid. Paralelamente se contaba la historia de la familia que lo regentaba, con sus amistades, de los españoles que pasaban por allí. Los guiones eran de Rodolfo Kuhn y míos. El protagonista iba a ser Héctor Alterio.

Cuando íbamos a empezar a rodarla, volvió la democracia a Argentina. Ya nada tenía el mismo sentido. Los exiliados, como tales, ya no tenían razón de ser. Los problemas empezaban a ser otros. De todas maneras e improvisadamente me fui con Alterio a Argentina para rodar un hipotético final de la serie: el protagonista regresaba y participaba en las primeras elecciones. Fue muy emocionante. El personaje introducía su papeleta en la urna —aprovechamos el momento real de la votación—, mientras que el ciudadano Héctor Alterio no podía hacerlo porque no tenía los papeles en regla.

Al regresar a Madrid yo mismo me di cuenta de que el proyecto era inviable. Recomendamos Kuhn y yo a Gonzalo Vallejo, entonces director de la Segunda Cadena, que no hiciera la serie, porque cuando se quisiera emitir ya habrían pasado dos años e iba a ser muy raro hablar de asuntos como el del exilio u otros muchos cuya deriva era imprevisible.

Al estrenarse *Pares y nones*, y tener un éxito relativamente importante, en TVE, donde yo continuaba contratado, decidieron que podían encargarme alguna película. Me llamó Juan Manuel Martín de Blas, que era director de programas experimentales y coproducciones, y me propuso una de cincuenta minutos para mandarla a festivales. Le conté algunos argumentos; entre ellos estaba *Mala racha*, el guion que no había manera de colocar, pero me confesó enseguida que lo que querían era algo de risa. Puse algunas pegas, porque no quería ser considerado «únicamente» —qué imbécil— un director de comedias. Insistió en la necesidad de que fuera cómica. Apreté los dientes y acepté. Cuando volvía para casa paré el Simca 1000 en la Casa de Campo y lloré un rato —soy proclive—, quejándome entre encinas de mi desgracia.

Entonces decidí que, si querían risa, iban a tener risa de la mía. Sería una comedia, pero un poco raruna.

El humor que siempre me había gustado en cine tenía que ver con Billy Wilder o Berlanga. Entonces me hice una reflexión que no he modificado en absoluto. En España es absurdo hacer comedias al estilo de Berlanga, porque ya las hacía él y nadie las iba a hacer mejor. Ese acercamiento que Berlanga o Azcona tenían a la realidad les era tan propio, que cualquiera de los que nos aproximásemos a su mundo tendríamos forzosamente que partir de una mirada analítica sobre lo que ellos habían hecho. No acudiríamos a esos fenómenos con la limpieza y la inmediatez con la que ellos acudían. Teníamos circunstancias personales diferentes y las cosas ya no se producían como en sus películas. Yo tendría que contarlas desde un punto de vista «culto», lo quisiera o no lo quisiera. Y eso introducía una distancia que, de alguna manera, había que reflejar incluso en la propia narración, si uno quería ser honrado.

Cuando Agustín González, al principio de *Total*, afirma a la cámara que el pueblecito —Oncala, Soria— que tiene detrás de él es Londres, y después, con la misma naturalidad afirma que los animales que lo rodean —un rebaño de ovejas— son ovejas, no está, entre otras cosas, sino confesando paladina y honradamente que la película que va a ver el espectador recorrerá una y otra vez el trecho entre ficción y realidad que él acababa de anunciar.

Todo lo que se cuenta en *Total* es perfectamente argumentable y hasta justificable en el terreno de la ficción. Pero la ficción no es la selva virgen, ni mucho menos. A estas alturas, la ficción está más transitada que la Gran Vía y tiene sus normas de tráfico y una lógica férrea. No es gratuita.

Yo no puedo vivir en el territorio de la gratuidad. Por ejemplo, no sé moverme en la publicidad, en los videoclips. No sé poner un plano detrás de otro porque sí, porque son bonitos, porque quedan guais. Si lo que estoy haciendo no responde a una necesidad intrínseca, no sabré hacerlo nunca.

El discurso paralelo de Agustín González sobre las ovejas, y ese mismo texto defendido por Chus Lampreave hablando de las vacas, es perfectamente reconocible en la realidad. Cada uno, al hablar de lo suyo, tiende a decir que es lo mejor. Su novia, la más guapa. Y su piso, el mejor amueblado.

Total tiene, probablemente, la mejor secuencia que he hecho en mi vida: una historia de amor en un solo plano, en un solo trávelin, con Miguel Rellán y Enriqueta Carballeira. Todas las historias de amor en cine son una convención, está clarísimo. El amor tarda mucho más en fraguar y en irse a hacer puñetas, que es el camino de ida y vuelta que suele hacer el amor. Y yo dije: «Pero si eso se puede hacer en un plano. Empiezan diciendo que se quieren mucho y terminan mandándose a hacer puñetas». ¿Para qué gastar más medios?

Contra los tópicos tengo una reacción perpleja. Los tópicos son malos en la medida en que hagan fortuna como normas de conducta o sinremedios con ínfulas analíticas: «Siempre habrá pobres y ricos», dicen como reconocimiento de una realidad, pero no nos podemos escudar en eso para hacer una defensa de la injusticia.

Sin embargo, por otro lado, todo tópico es una especie de depuración del conocimiento que ha llegado a cristalizar en eso. Por decirlo así, los elementos clásicos de la cotidianidad son lo que el tiempo ha ido depurando de tal manera que han llegado a adquirir una especie de valor universal, que es fácilmente aceptable por todo el mundo.

Eso tiene un valor en sí, muchas veces negativo, otras no tan negativo. «Por algo será que eso es así». De ser malo, lo será por las razones por las que eso ha llegado a ser de esa forma. Pero los tópicos no suelen ser mentira.

Con *Total* trato, igual que con *Amanece, que no es poco*, de tirar del hilo y ver hasta dónde se puede llegar a partir de situaciones normales o de tópicos. *Total* sería un compendio de muchas cosas en este mundo de nuestros pecados. Una suma. Mejor un suma y sigue. Todo tiene su fin, pero traspasado este, y si hace falta imaginación, se le echa. Aún queda algún camino.

En la película hay cosas fáciles de comprender y otras que no lo son tanto. Si estas últimas las recibe uno pasivamente, sin menear el caletre, le parecerán una estupidez. Pero si uno está dispuesto a meterse en esa totalidad —pantagruélica, si se quiere, hasta en términos conceptuales—, yo creo que hay mucho que rascar ahí, y por una vía que me parece de las mejores, que es la del humor. También entiendo que con los tiempos que corren, en los que hasta el reconocimiento de la obviedad se hace cuesta arriba, muchos no quieren hacer ese ejercicio de cognición.

¿No es esta una manera demasiado complicada de acercarse uno a las cosas? ¿Tengo que arreglarme la cabeza?

Así que, fiel a mis orígenes, he hecho películas por convicción en las que, para ser intelectualmente honrado, he tenido incluso que enseñar las tripas de la narración misma, sus mecanismos, sus raíces. Y eso complica las cosas. Creo que, en cualquier caso, no soy un director que haga un cine de ideas, sino que intenta encontrar unos personajes que sean seres humanos no portadores de banderas o mensajes.

Cuando el poeta italiano Gianni Toti vio *Total* en el festival de Montecarlo, dijo inmediatamente que aquello era *subruralismo*. Toti era entonces realizador de programas culturales en la RAI, además de poeta y crítico cinematográfico. Cuando terminó la proyección me dijo inmediatamente que nunca se había reído tanto en el cine desde los hermanos Marx. «Esto no es surrealista, sino *subruralista*». Estaba, según él, por debajo del ruralismo, de la manera de vivir más elemental del ser humano hoy día. Su poética, por decirlo así, era subyacente a esa manera de vivir.

Total se emitió, antes de pasarla en Montecarlo, en TVE, y tuvo una crítica comprensiva por parte de Vicente Molina Foix, y otra, profundamente agresiva, de Ángel Fernández Santos, en *El País*. Tanto es así, que el día que salió esa crítica recibí por la mañana la llamada de mi amigo Jesús Martínez León, para recomendarme que no leyera el periódico. Lo leí. La crítica se titulaba: «Total, nada». Y ocupaba media página.

No puedo olvidar esa crítica, ya que decía cosas como que a los cinco minutos, el espectador se aburre, en vez de decir que el que se aburría era él. ¿Cómo puede decir que el espectador se aburre si es una película de televisión y ese señor no podía saber si se levantan o no de su sillón?

Fui inmediatamente a TVE para hablar con el jefe de Departamento de Festivales, Carlos Gortari, y decirle que a lo mejor debería dar marcha atrás y no mandar la película al Festival de Montecarlo, como estaba previsto. No había que ofrecer la oportunidad de que ni a TVE ni a mí nos dieran otro palo como aquel. Me contestó que aquello era una tontería y que tenía el convencimiento de que *Total* era una gran película.

En aquella época, en Montecarlo, los pases eran solo para periodistas y críticos, y los de la BBC, la RAI y TVE eran los más concurridos. Comenzaron a ver *Total* diez o doce espectadores. Al poco rato de empezar la proyección, algunos de ellos salieron de la sala y reclutaron a otros. Al final, eran veintiséis. No había asientos para todos. Se corrió la voz en el festival de que había habido un acontecimiento. De tal manera que a la hora de los premios esperábamos alguno.

La Ninfa de Oro la ganó Schleisinger con *An Englishman Abroad*, y a *Total* le dieron la Mención Especial del Jurado y el Premio de la Crítica Internacional.

La presidenta del jurado era Marie-Christine Barrault, una de las protagonistas de *Mi noche con Maud*, e hija de Jean-Louis Barrault, genial actor de teatro y protagonista de la versión de *Jekyll y Hyde* de Renoir. Marie-Christine me dijo: «Señor Cuerda, le hemos dado la Mención Especial del Jurado porque no sabíamos con qué quedarnos de su película: si los actores, la dirección o el guion. Yo le puedo decir que es de las mejores películas que he visto en mi vida». Ella pidió ser personalmente la que me entregara el premio.

Actuaba de maestra de ceremonias su compañera en *Mi noche con Maud*, de Rohmer, Françoise Fabian. Así que pedí por favor que me hicieran muchas fotos con ellas dos. Quería darle una envidia espantosa a mi amigo Fernando Méndez-Leite, porque *Mi noche con Maud* es su película favorita. Nunca me mandaron las fotos que nos hicieron. Años después, fui al festival como jurado, reclamé las fotos, me prometieron que me las mandarían. Sigo esperando. El Principauté sigue en deuda conmigo, aunque me considero parcialmente pagado con haber asistido al espectáculo de ver a la principesca familia, posando en la escalera con algunos de nosotros, y a papá Rainiero dando manotazos a su hija Estefanía para que dejara de morderse las uñas.

La pueblerina *Total* me sirvió de pasaporte para ver mundo. Me llevaron a Charleston, al Input, la reunión anual de las televisiones públicas de todo el mundo. Y luego a Canadá, donde di conferencias sobre ella. También se pasó varias veces en la televisión pública norteamericana. Me hizo adquirir fama de hombre raro, de rarísimo, diría yo, talento cinematográfico. Aquí se dividió mucho la opinión, como ocurrió después con *Amanece, que no es poco*.

Unos piensan que estas películas son fruto de una inteligencia que vale la pena y otros que son el desecho de una mente estupidizada.

Puede ser que aquí ya entonces, ocho años después de la muerte de Franco, no se aceptaran tan alegremente propuestas que no fueran narrativamente convencionales o que no tuvieran el marchamo moderno imprescindible en los años ochenta y sucesivos.

Se ven con más facilidad los experimentos formales que los conceptuales. Experimentar con contenidos es menos agradecido que experimentar con continentes. Es más fácil ver las modificaciones en la forma que ver los movimientos en el interior del discurso. Se necesita más atención. Al contrario de lo que opinaba Descartes sobre el sentido común, lo mejor repartido del mundo es la pereza. Todos la tenemos. Yo voy al cine a entretenerme, no a pensar, se dice.

En contraposición a la tendencia actual a lo deportivo y atlético, practicamos el *modus vivendi* sedente en el que se oye antes y mejor la percusión que el contrabajo, el clarinete que el violonchelo. En los discos modernos, a la hora de mezclar, se le da más importancia a la base rítmica que al cantante. En esas estamos, pero yo no quiero hacer películas percutientes, tamborileras.

La idea de *Mala racha* surgió después de una conversación con Joaquín Densalat, un ampurdanés que a veces me ha tentado con guiones exuberantes y disparatados, polifacético e imparable, que tenía una avioneta desde la que lanzaba paracaidistas los fines de semana por un módico precio. Joaquín me contó que en Estados Unidos había combates de boxeo a muerte mediante apuestas millonarias, lo mismo que había cazas de negros. Esta última modalidad consistía en coger a un negro, ponerle un fajo de billetes en el bolsillo, y permitirle que huyese dándole una ligera ventaja. El dinero es para el negro si logra escapar de los disparos de rifle de los que lo persiguen. Densalat me aseguraba que tanto la caza del negro como los combates mortales eran verdad, y de ahí surgió la idea de *Mala racha*.

Me parecía que la historia de la película era una metáfora terrible de los tiempos que vivimos. La lucha a vida o muerte. Al protagonista, Arenal, lo atrapan a partir de la necesidad que él siente de justificarse como boxeador no acabado. Por otra parte, su vida privada está hecha un lío. Acaba de empezar una historia con la hija de su amante, una adolescente que le hace dudar de su virilidad. En esa situación, en la que como macho está en jaque y en la que como profesional está anulado, él encuentra una salida que le ofrecen, y cuando se da cuenta de que ese respiro implica no ya la merma física del contrario, que es algo consustancial al boxeo, sino la muerte del rival, quiere dejarlo; pero eso supondría tener que devolver todo el dinero que ha ganado y los gastos que ha producido hasta ese momento. Es terrible que su primera victoria en muchos años sea contra alguien al que tiene que matar. Alguien que además no es de la profesión, sino un bruto que no sabe ni defenderse. La imagen final de Arenal, que no quiere ni saludar como vencedor, que incluso levanta la mano del muerto como un último rescoldo de profesionalidad, es desoladora.

No hay triunfos sin perdedores. Hay que minusvalorar todo lo posible las victorias. No siento ningún aprecio por los héroes. En el mundo en el que vivimos, me resulta mucho más comprensible, razonable y aceptable el perdedor que el ganador. No me gustan las cosas que normalmente hay que hacer para ganar.

LA ESCUELA BERLANGA

Conocía un poco de la obra de Wenceslao Fernández Flórez de cuando era crío. En la barbería de Enrique, donde me pelaba en Albacete, yo leía durante las esperas la revista *Semana*. En esa revista había dos cosas que me gustaban: una columna de Wenceslao Fernández Flórez, con la que me partía de risa, y otra de Pío Baroja, de sus memorias, que luego he tenido muchos años como libro de cabecera. Era lo único que conocía de Fernández Flórez antes de *El bosque animado*, además de algunas películas con argumentos suyos. Me parecía un autor con muy buen oído para el diálogo, con personajes extravagantes que me llamaban la atención. Quizá la palabra no sea «extravagante»: tenían intereses desviados de la vida normal. Este tipo de personajes también se pueden encontrar en autores como William Saroyan, o Eugene O'Neill en teatro. En España, Paquito, el relojero de *Los gozos y las sombras* de Torrente Ballester, algunos personajes de obras de Cela, de Baroja, de Cunqueiro... *El bosque animado* es un conjunto de relatos o estancias, no una novela. Tiene historias preciosas, como la de los gatos, la de las truchas. Un poco a la manera oriental.

La víspera de San Isidro Labrador de 1985 me llamó el productor Eduardo Ducay y me dijo que estaba preparando una película basada en *El bosque animado*. Me preguntó si había leído el libro.

Yo no lo había leído. Me dijo que me pasase por su despacho y que me dejaría el guion, escrito por Rafael Azcona. También me adelantó que la película la iba a protagonizar Alfredo Landa. Esa tarde me lancé a la calle para conseguir *El bosque animado*. José María Carreño, y en eso coincidía con Juan García Hortelano, me había dicho que era una de las mejores novelas de la posguerra española. No conseguí un ejemplar en ningún sitio. Por fin, un amigo, Gonzalo Vallejo, me lo dejó. Lo leí de un tirón y pensé que tenía historias maravillosas, pero no sabía qué tipo de guion se podía escribir sobre aquello, porque en los capítulos impares, los que hablan son los vegetales y las plantas, y en los pares, los hombres.

Fui a la oficina de Ducay y pasamos a un despachito. A él le dijeron que tenía una llamada y se fue a otra sala. Mientras, aproveché para hojear a toda velocidad el guion de Azcona que estaba encima de la mesa y me aseguré de que no había ningún vegetal ni animal que hablase, sino que todas las acciones eran protagonizadas y dialogadas por humanos. Esto me tranquilizó bastante. Por lo menos, no me iban a pedir que hiciera una película de dibujos animados. Ducay me dejó el guion y me dijo que lo llamara tres días después a ver qué me había parecido. Lo leí y esa misma tarde le llamé: «Mira, ya sé que a la hora de contratar es mal asunto esto que voy a hacer, pero no espero los tres días. Te digo que es un guion maravilloso, me siento dentro de él como pez en el agua y creo que podría hacer una buena película».

Como productor, fue Ducay el que quiso ver cómo cuajaba el equipo técnico y artístico de un proyecto por el que manifestaba un gran entusiasmo. Organizó durante la preparación del rodaje encuentros, comidas, visionados de películas, para que conocedores todos de las opiniones, manías y talentos de unos y otros emprendiéramos y anduviéramos por el rodaje sincrónicos y con soltura.

El bosque animado la hice con el talante de aquellas películas que me gustaba ver en Navidades: calentito en el cine, cuando era pequeño. Quería que ocupara el lugar de las películas que veíamos en aquella época en las que ocurrían cosas a veces terribles, pero siempre paliadas por la misericordia del creador que se acerca a las criaturas sabiendo que, si están heridas, no hay que hacerles más daño. Al contrario, echarles una mano.

En *El bosque animado* se pueden estar contado historias patéticas: dos hermanas solteronas que desconocen por completo los mecanismos de la vida en sus expresiones más gozosas; la de ese pobre cojo que sabe que nunca le querrá la mujer que desea y que, si se va de allí tendrá un montón de pretendientes en la ciudad; la vida de la familia de Marica da Fame, que tiene dos hijos que sacar adelante; la muerte accidental, tan tonta, de la niña, y todo por dos perras, porque sabía que si perdía el dinero Juanita Arruallo le podía pegar; una Juanita explotadora que tiene a su sobrina Hermelinda bajo sospecha en cualquier terreno; Fuco, el crío que vive de vender las pieles de los bichos que mata o de robar carbón... Historias terribles rodadas con complicidad, cercanía y amor hacia los personajes.

Hay una historia subyacente a lo largo de la película que es el episodio de los dos primos. La de la chica recién casada que llega al pazo y la de su primo que ha suspendido y al que el cura le está dando clases de Lengua. Esta historia era muy difícil de contar en paralelo a la película: se llevaba a veces demasiada atención, otras, me resultaba imposible de planificar como acciones coincidentes. Por ejemplo, Geraldo en su trabajo de zahorí en el jardín de los D'Abondo busca agua; mientras, el chico y la chica juegan en un árbol, se rozan, se tocan. Si a Geraldo y D'Abondo los dejaba al fondo ni se les oía ni se les entendía, y si me iba a los chicos les daba una importancia que ni tenían ni iban a tener a lo largo de la película. En el guion, llegaba un momento en que Rosina recibe la visita de Javier en su habitación. Ella se acerca y va a contarle algo. Después ella sale, él la sigue, le cuenta una historia adyacente y muy larga. Todo eso tuve que modificarlo, concentrarlo en una secuencia y cambiarlo de sitio. Llegué a hablarlo con Azcona. Él —bondad infinita— me dijo que estaba mal en el guion. No es verdad. Fui yo el que no supo hacerlo, y tuve que reconvertirlo. Lo que quiero decir es que el guion como tal no se ve en la película. También digo, por último, que sin un buen guion es imposible hacer una buena película, y el de Azcona era ejemplar.

Como suele pasar siempre, durante el rodaje y, más tarde todavía, durante el montaje, hubo alguna modificación. La que mejor recuerdo, porque incluye a otra de las personas con la que más a gusto he trabajado, Luis Ciges, es la morcilla que introdujo en la secuencia en la que entrega un ternero como regalo a la familia D'Abondo. Él me había preguntado al principio del rodaje si yo era un director como Berlanga, que dejaba improvisar o, por el contrario, si era de los maniáticos que se empeñaban en que se dijeran los diálogos como estaban escritos en el guion. Le contesté muy serio que era de los maniáticos. Y quiso probarme. Cuando íbamos a rodar la escena con la familia D'Abondo, me dijo: «José Luis, ¿me dejas que, después de regalarles el ternero, les diga que otro día les traeré unas gallinas de colores?». Le respondí que sí. Se puso tan contento y colocó su estupenda morcilla.

Hay muchos personajes de *El bosque animado* que tienen película propia. Una, el señor D'Abondo: *El gatopardo* a la gallega. Dos, Geraldo, con la posible continuación que estaba en la novela de Wenceslao Fernández Flórez: Geraldo va a La Coruña alguna vez a comprar algo y ve salir a Hermelinda de una casa; entonces se entera de que su señorito le ha puesto un piso. Una historia de amor truncada. Tres, las aventuras de Fendetestas. Pero, vamos, la manera de mezclar todas esas historias, teniendo como hilo conductor la relación entre el cojo y el bandido y los niños, me parece que, tal como está, es difícilmente, superable.

Conocí a Rafael Azcona en persona por medio de Eduardo Ducay, el productor de *El bosque animado*, de *Viridiana*, de *Los chicos* de Ferreri o de *Padre nuestro* de Regueiro. Comimos juntos, hablamos poco del guion, le dije a Azcona que no veía la necesidad de tocarle ni una coma y me contestó que qué bien y que, en cualquier caso, él ya sabía, y suponía que yo también, que las películas terminan siendo de los directores y que los guionistas eran como las putas que trabajan para dejar satisfecho a quien les paga.

Omitió que él nunca aceptaba encargos con los que no comulgara plenamente y que, una vez que el productor daba por bueno un tratamiento del asunto a rodar, escrito en treinta o cuarenta páginas, él redactaba un primer guion, escuchaba los comentarios del productor —y sobre todo del director—, después de su lectura, y, teniendo en cuenta todas o algunas de las observaciones de ambos, volvía a redactarlo y daba esa versión por definitiva. Siempre, que yo sepa, trabajó así. Y, así, me apuesto lo que sea, no trabajan las putas.

Azcona no entendía, yo tampoco, que los pobres sean buenos. Diría yo que, visto lo visto, visto lo malos que son los más ricos, los pobres tienen casi la obligación de ser malos. Y son muy pocos los que tienen la valentía de serlo. Probablemente porque en ellos el menor arrojo requiere heroicidad. Así es la vida.

Los curas y la Guardia Civil han hecho mansos a los desheredados de la Tierra. El Evangelio, predicado siempre en su lectura más carca, y las ordenanzas, que ponen entre el cerebro y la intemperie los negros tricornios de charol, hicieron estragos en la capacidad combativa de tanto vasallaje.

El bosque *animado* fue seleccionada para participar en el Festival de San Sebastián. Era una de las últimas películas que se iban a programar. Para facilitar la labor del jurado, la película se pasó unos días antes a puerta cerrada en una sala privada de la Caja de Ahorros. Cuando los miembros del jurado llegaron a la sala, su presidente, Alain Tanner, dijo algo parecido a: «Al fin solos». Y cuando estaban comenzando los títulos de crédito de la película anunció: «En el bar de la esquina hacen unos pinchos de tortilla buenísimos. ¿Por qué no nos vamos a comer pinchos y os quedáis los españoles viéndola?». Según mis noticias, se quedaron Antxon Eceiza y Juan Antonio Bardem. Los otros volvieron al rato y después salieron otra vez. Es decir, no la vieron. En el momento de las deliberaciones y la votación final, según tengo entendido, Alain Tanner manifestó que o se premiaba *Boda en Galilea*, de un director palestino afincado en Suiza o, como presidente del jurado, hacía pública una nota diciendo que ninguna de las películas a competición merecía la Concha de Oro. Y aquello se aceptó.

He hecho películas normales y raras. Normales buenas y menos buenas, y las raras —*Total, Amanece, que no es poco* y *Así en el cielo como en la tierra*— raras, dejémoslas en raras.

Amanece, que no es poco, con esa miajita de conformismo pecador implícita en el título, ha servido, paradójicamente, de banderín de enganche a miles de secuaces nada acomodaticios, desastrados, voluntariosos, que se complacen en las torceduras y quiebros del recto cavilar, en el que tanto se prodiga ese amanecer.

Voy a decir orgullosamente —con desvergüenza sería más exacto—, antes que nada que, visto lo visto por estas latitudes, la tal película y su preámbulo o confesión de intenciones, *Total,* y su culminación apocalíptica, *Así en el cielo como en la tierra,* han abierto un boquete, una gatera para asomase y abordar una realidad, mental sobre todo, que estaba pidiendo a voces análisis, opinión, reacción. Que se la sobase a modo, vamos. Con caricias y revolcones, con amor apasionado. Los estímulos para los cerebros proclives a tal tarea encontraban y enraizaban sin duda en el menosprecio de corte y alabanza de aldea, la picaresca —la *piaresca* me ha escrito por su cuenta una afortunada errata—, el realismo, los *ismos* y la saludable desvergüenza de retorcer el pescuezo a la lógica pusilánime, a la realidad redonda, consumada, intocable, chata. ¿Cómo y por qué desperdiciar la carga ética, crítica, lírica, estética que vertebra nuestras artes más precisas, más bellas, más salutíferas, más valientes?

Hay un magma musculoso y huesudo compuesto de retazos de Berceo, pasajes del Arcipreste de Hita, obras anónimas de los albores del castellano, de Guzmán de Alfarache, Cervantes y Quevedo, Tirso y Lope, Teresa de Jesús y Juan de la Cruz... Y sobrevolando siglos: Baroja, Galdós, Clarín, Pardo Bazán, Valle Inclán... Y en nuestras vísperas del destilado embriagador, portentoso que de todo ello hicieran Aldecoa, Cunqueiro, Azcona, Berlanga, Ferreri, Martín Santos... Me bastaba acercarme a ellos no con la desfachatez y ruindad del que copia, sino con el sano fin de robarles con nocturnidad y alevosía el aire que les daba aliento y la arcilla con la que fabricaban sus muñecos: curas, guardias civiles, alcaldes, grandes mujeres y *ninots* de fallas. Mi trabajo consistiría en definitiva en moldearlos con los cinceles que me fueran propios.

He dicho muchas veces que estas películas mías son forzosamente cultas. Por fuerza mis alcaldes y curas, mis guardias civiles y pastores de cabras no son materia prima. Vienen sin remedio a mi caletre reflexionados, opinados, leídos, vistos, sabidos. Mis herramientas para su fabricación no son las de los autores citados. Ellos copian sus originales de la realidad real, conviven con ella y pintan el paisaje con figuras, los bodegones, los retratos que tienen delante de sus narices. Yo copio de sus copias del natural. Ellos mismos podrían ser personajes de sus obras. Yo no podría serlo de mis películas. No he tenido esas vivencias. Las conozco. Eso es todo. Ni por edad, ni por origen, ni por formación me asemejo a sus vidas.

Siempre que me preguntan quién es mi director de cine favorito me sale una lista de cien nombres aproximadamente y por orden alfabético. Cuando lo que me preguntan es por mi película preferida me salen dos —no una—: *Plácido* y *El apartamento*. La amplia lista de directores compensa lo obligatoriamente menguado de la segunda: en aquella figuran Renoir, Hitchcock, Buñuel, Lang, Gene Kelly, Welles, Godard (aquel), Demy, Truffaut, Keaton, Chabrol, Malle, Rohmer, Woody Allen, Mizoguchi, Clayton, Hawks, Lubitsch, Ford, Rossellini, Bergman, Víctor Erice —y sus películas respectivas—, y me gusta resaltar en la misma la ausencia de Clint Eastwood, Kubrick, Kurosawa... La suma de las dos no deja en la calle a directores y películas imprescindibles y me dejan a mí la conciencilla de acetona —qué tiempos y qué empalmes aquellos— y las tripas de celuloide que todos llevamos dentro muy tranquilas. Vamos, como si fuera un crítico. Un admirable crítico. De *El apar-*

tamento y de Wilder no voy a escribir ahora. Primero, porque no toca —hoy, Berlanga—, y segundo, porque es el Corpus Christi y están ocupados los palios por la Hostia, por la custodia y por el oficiante —pederasta o no— que la transporta con recogimiento y con unción.

Mi primer recuerdo de *Plácido* me remite a sus títulos de crédito. Me gustaron mucho. Las fotos recortadas, los movimientos que hacían, la pinta de los actores, la música —que parecía que iba de cachondeo—, los nombres de intérpretes amadísimos y algunos otros que empezaban a sonarme: un tal Azcona, un tal Alfredo Matas... Todo aquello me parecía «artístico», «moderno», considerable.

Mi primer recuerdo de Berlanga en persona se remite a la segunda vez que me presenté al examen de ingreso en la Escuela Oficial de Cine. Él formaba parte del tribunal y yo reincidía para ver si en esa ocasión me aprobaban. Había resaltado en mi currículum los tres años que había pasado en el seminario para ver si semejante hecho llamaba la atención del maestro y yo conseguía lucirme contándole sucedidos chuscos. Pero el que entró al trapo fue Jesús Fernández Santos, miembro también del tribunal junto a Picazo y, creo que, a Borau. Jesús Fernández Santos me preguntó que, si había estado en el seminario, habría leído con interés una novela publicada por entonces y cuyo protagonista era de los míos. Yo le contesté que conocía la novela —*Las corrupciones* de Jesús Torbado—, pero que no la había leído. Él no comprendió semejante desinterés por mi parte y afeó mi conducta —o no conducta, al no leerla— y dio por terminado el interrogatorio. Picazo salió al quite —así lo interpreté yo— y me animó a que les confesara qué película española me había gustado ese año. «La de usted, *La tía Tula*», le dije con tristeza, mientras pensaba: «Ahora creerá que soy un pelota». Pero es que era la verdad. *La tía Tula* me ha gustado siempre un montón. Me suspendieron por segunda vez y ya no volví a presentarme. Berlanga ni abrió el pico, pero supe luego que él me había aprobado.

La historia tiene coda: un compañero mío de Derecho, Jordi Castanyer, se hizo llevar en autoestop por Berlanga a no sé dónde. Al darse cuenta de que quien conducía el coche era el genio, le habló de mí como postulante a alumno en la EOC y Berlanga cogió una lista, marcó mi nombre con el dedo y le dijo: «Yo lo he aprobado». Allí estaba: «Aprobado». Pero no fue suficiente. La mayoría del tribunal me juzgó con más severidad. Y no digo que no llevasen razón los severos. Suspenso para siempre.

Decía Mario Camus hace años que el cine español, desde la aparición de Bardem y Berlanga, se dividía entre los seguidores de uno y los seguidores del otro. Y era verdad. Únicamente Saura hizo sus brindis a Buñuel, tan difícil de lidiar. Camus, por ejemplo, se afilió, según confesión propia, a Bardem. Y yo mismo, sirva otro ejemplo, siempre he sido devoto de Berlanga. Diríamos, valga la simplificación, que en el esquelético cuerpecillo de la cinematografía española unos frecuentábamos el pescuezo, las rótulas, los callos de los pies, los ganglios linfáticos o las teticas y otros cursaban venas, dendritas, pleuras, bulbos raquídeos y hasta almas, si se les dejaba. O ideas.

Y no es que los demás no las tuviéramos —yo no las oculto precisamente—; excepto el 23F, que hice pedacitos el carné de CCOO y casi me como las pizcas. Pero siempre he considerado un comportamiento mucho más «normal» el del cobarde que el del héroe, que se olvida no sé por qué de su instinto de conservación aunque, hay que reconocerlo, casi siempre con un arma en la mano, como los valientes de oficio.

Los de la «escuela Berlanga» nos movemos más a gusto entre personajes irremediablemente abocados a la ciénaga de la vida que en el meticuloso sembrado de los ideales con su severidad parcelaria. Son los nuestros, los de Berlanga, seres que transitan, casi siempre con disimulo, por las pedregosas sendas del día a día. Una legión de forzados fatalmente desorientados en busca de los mínimos imprescindibles —de calderilla, de sexo, de picón para el brasero— sin garantías ningunas de poder conseguirlos por sí mismos con dignidad y sin esperanza de que nadie se los facilite. Entre otras cosas, porque lo estrictamente necesario siempre ha estado muy mal visto.

El «apaño» Berlanga-Azcona produce un momento cumbre de nuestra cultura. Un monumento sociológico —como esas picotas de piedra que hay en las viejas plazas de España— y un vértigo —única perspectiva posible— hacia nosotros mismos individual y colectivamente, que dignifica por sí solo, en su emocionada burla, tantos años de escupitajos y soledad, de silencio y quejío, de flemas y pus. Medio siglo que la Iglesia, el Ejército, los ricos, los hijos de perra mandaron a la mierda con nosotros dentro.

Hoy ya, mucho más apañados, han venido jóvenes directores a nuestro cine —los hay a los que aún les interesa sinceramente lo del ser humano— que hacen olímpicamente espectáculos admirables y divertidos, vistosísimos. Otra cosa.

Cuando uno hizo *Total*, *Amanece, que no es poco* y *Así en el cielo como en la tierra* —tan obligadamente «cultas» y deudoras que se intentaba con ello «a la caza darle alcance»—, no pretendía otra cosa que mostrar sumisión debida a Berlanga, a Azcona, a sus actores inmejorables, emocionantes, a sus técnicos heroicos y a las madres de cada uno de ellos, por traerlos al mundo y, además, sin epidural.

A Manolo Alexandre no le gustaban los chistes y le gustaba mucho el billar. Mucho. También le gustaba ver cómo otros juegan al póker. A Manolo también le gustaban las mujeres y la tragedia. En las comidas, sin embargo, era bastante tiquismiquis y dengue. Todo hay que decirlo.

El billar es una ciencia repajoleramente improbable en la que operan bolas macizas, que, a impulsos del hombre, se lanzan como diablos contra las bandas elásticas de las mesas y chocan entre sí con tanto rigor geométrico que suenan a cráneos confrontados, por ejemplo. Y la tragedia tiene, creo yo, la médula parecida al intríngulis mismo del billar, ¿no? Esa inexorabilidad tan rectilínea, ese rodar predeterminado, esa fuerza, ese ruido seco... Bueno, pues a Manolo Alexandre, que juega al billar como los ángeles, no le dejan hacer tragedias. Que no da el físico, dicen. Que no da el físico ni de trágico ni de galán. Así que, así, de un plumazo, lo orillan de dos de sus aficiones más queridas, las mujeres y la tragedia, y lo ponen a hacer gracia. Aunque no le gusten los chistes.

Manolo dio en actor, como es conocido, porque leyó un poema en la escuela de teatro de los anarquistas y les gustó a los que mandaban en aquello. Fernando Fernán Gómez, del que todas las alabanzas están hechas con justicia, también se hizo allí, con los anarquistas; pero luego, a diferencia de Alexandre, ha hecho tragedias y de todo. Manolo admira mucho a Fernando. Yo también, como cualquiera que no sea tonto.

Pero Manolo Alexandre aventajaba en algo a Fernán Gómez. A Fernando Fernán Gómez siempre le ha sobrado cuerpo. Acuérdense. Le ha sobrado a lo alto y le ha faltado a lo ancho. Andaba incómodo, encorvado y desgalichado. Las camisas le venían grandes. Tropezaba, se daba golpes en la cabeza... Hablo de su juventud, claro. Después, ya no. Los años dan mucha dignidad y, a quienes se los han ganado como él o como Alexandre, aires de busto de emperador romano. Pues Manolo, decía, aventajaba a Fernando en lo del cuerpo. Siempre tuvo un tamaño muy natural, adecuado, exacto, honrado; el cuerpo que buenamente necesitaba para ocupar el sitio de aire que le correspondía en este mundo. Entre otras ventajas, eso le facilitó el no tener que pelearse demasiado consigo mismo, para aparentar más de lo que estrictamente era, y el no tener que pelear con nadie, para quitarle espacio. O, si no, que levante la mano el que haya visto alguna vez a Alexandre salirse de sí mismo. (Aquí nadie levanta la mano, por supuesto). Pues sepan ustedes que es este un mérito no pequeño en el siglo de hoy, y más aún en estas tierras de gente tan osada que confunde el resultado de tocar con fuerza la turuta con la práctica de la elocuencia.

Conviene decir ahora que Manolo Alexandre también sabía jugar al póker muy bien. Como los mejores jugadores de póker. Pero nunca se sentó a una mesa de las que dan y quitan fortunas, como tampoco hizo tragedias. Comedias, muchas.

La hermana de Manolo Alexandre casó con uno de los hijos de doña María. Doña María, además de la dueña y matriarca del restaurante Aroca, era la que, menudita, pelo blanco amoñado al cogote, freía en aquella bendición de establecimiento. La hermana de Manolo estuvo siempre junto a ella, al pie del fogón. Y nosotros comíamos allí los mejores lenguados fritos y el más retostado pollo al ajillo del mundo. Luego, se acababa con los pastelillos de yema en su angélica variedad. Ahora ya no existe Aroca ni se valoran en lo que valían el uso correcto de la gramática y la práctica exhaustiva de la amistad, pongo por caso. Poco antes de cerrar, Manolo nos invitó a Fernando Méndez-Leite y a mí a comer en Aroca. Creo recordar que los dos lo animamos, entre lenguado y pollo, a escribir sus memorias. Por lo que tiene visto y oído; pero yo creo que nunca se puso a escribir. Y es una pena.

En el hotel de Ayna, el pueblo de Albacete donde rodamos *Amanece, que no es poco*, había una mesa de billar americano. El billar más innoble, pero... no había otro. Por la noche, y los fines de semana, la mesa estaba continuamente ocupada por personal del equipo de la película o por gente del pueblo que se metía en el hotel «a ver a los artistas». Manolo rondaba aquella mesa, en la que solo le vi jugar una vez, con el mismo aire con el que yo he visto rondar a mi padre las mesas en las que mi hermano o yo, con amigos suyos o míos, echábamos alguna noche una partidita. Sin altanería, con distancia pudorosa. Sin querer aconsejar; pero sufriendo el error ingenuo... Con la soledad del sabio.

Manolo, como a mí me gusta y hasta me emociona, transparentaba los personajes. Desde el hijo, que se ha hecho grande y adelanta a su padre en edad y ciencia, de Agustín González en *Total,* hasta el lego, tan docto en leyes, de *La marrana,* pasando por el campesino rico que le regatea el botín a un asaltador tan poco eficaz como el Landa de *El bosque animado,* Manolo Alexandre se ha hecho insustituible en mis mejores recuerdos, no solo del resultado de mis películas, sino de las horas y horas de espera entre plano y plano que pasamos juntos en secanos y humedales, en cuadras y en palacetes —estos, pocos; ¿para qué engañarnos?—.

Ninguna de las películas que he rodado me gusta en su totalidad —no soy tan lelo—, y en todas hay secuencias que me gustan y secuencias que no me gustan. Entre las secuencias que repetiría, si pudiera, que no es el caso, no hay ninguna en la que haya trabajado Manolo; entre las que están bien, muchas.

Ensalzar las virtudes interpretativas de Alexandre, ese calor añadido que da a sus personajes, ese patetismo de media asta —mucho más doloroso y cruel que el de la alharaca plañidera—, esa socarronería, cercana al desdén achulado, propia de los oprimidos un poquito hartos que por un instante se sienten seguros, no valdría nada más que para ratificarnos todos en lo que podemos ver y oír en tantas de las mejores películas que se han hecho en el cine español en los últimos cuarenta años.

Que no da el tipo, dicen. Ni de trágico, ni de galán.

Soy especialmente aficionado a utilizar las palabras en su sentido más literal, quizás como un movimiento espontáneo ante el uso engañoso y hasta encubridor de su verdadero significado —hecho consumado y frecuentísimo entre gobernantes y poderosos en general—. Por eso, de manera ejemplar, yo muestro en *Amanece, que no es poco* que un hombre muy enraizado en la tierra es un tío que crece en un bancal, o el milagro de que una mujer que nunca ha tenido un orgasmo, cuando tiene el primero con un joven labrador —al que, por cierto, le arde el culo, al ver una moza que le entusiasma—, y no con su marido, médico de carrera, pare nada más terminar la coyunda, y además gemelos. En otro orden de cosas —el asunto *Total*—, los márgenes comerciales algo tienen de pequeño o gran robo. Para paliar lo agresivo o reivindicativo que encierre esta afirmación, en la película, cuando la compra desemboca en atraco se hace en francés, una lengua de gente bien educada por antonomasia.

La afición por Faulkner en Ayna es una gran mentira que pude comprobar al negarse el maestro a que los niños aprendieran de memoria sus obras completas y en inglés. Un capricho que tenía yo, pero el hombre se puso juicioso y no quiso. Yo pensé, al ver el examen que ponía sobre las ingles como única materia, que aceptaría, pero no fue así. Solo las élites del pueblo, la guardia civil, por ejemplo, mostraban allí verdadera devoción por Faulkner.

LA MUJER HUMANA

En 1988 escribí dos episodios para la serie de Fernando Trueba *La mujer de tu vida*. El primero se llamaba «La mujer santa». Y el otro, «La mujer humana», una historia de amor escrita para Luis Ciges y Chus Lampreave. Trueba eligió esta, pero en TVE dijeron que no podía ser, porque la protagonista era una puta y ya había otros dos episodios de putas: el que hizo Fernán Gómez y otro que me parece que hizo José Luis García Sánchez.

Me pagaron el guion, pero no se rodó. La historia presentaba a un ex funcionario de los sindicatos verticales que, cuando desaparecieron con la democracia, había entrado a trabajar en la Delegación de Cultura de una ciudad que en principio podía ser Salamanca. Los fines de semana hacía actuaciones cómicas en un colmado de fuera de la ciudad, en el que tenía muy poco éxito. Una noche, al salir del local, un coche para de un frenazo, se abre la portezuela y tiran al suelo a Chus Lampreave diciendo: «¡Ahí te quedas, puta!». La mujer queda abrazada a los pies de Ciges, mira para arriba y ve al mismo tiempo a Ciges en persona y la imagen del mismo en el cartel anunciador del espectáculo. Con envidiable rapidez de reflejos, Chus acierta a decirle: «Yo siempre le he admirado mucho». Ciges se la lleva a su casa. Allí está su madre, que no sale de la cama desde que a los dieciséis años lo dio a luz a él. Como consecuencia de aquel parto, a ella le ocurrió la mayor desgracia que puede concebir en su cabeza: se le cayeron los pechos. Unos pechos enormes que antes se mantenían firmísimos, turgentes. De pronto, aparece en el piso Chus con dos hijas gemelas como de unos trece años, feas como el demonio, que se pasan todo el día saltando a la comba por los pasillos. Chus termina fugándose con un representante de material de mercería, pero este la abandona en un puticlub de carretera. El dueño del negocio no piensa que Lampreave pueda atraer clientes. Se equivoca. Se hace famosa. Ciges vuelve a hacerse cargo de Chus, pero sin demasiada convicción esta vez. Todo este asunto está sumido dentro de la estructura de un *reality show* que se llama *La vida día a día*, en el que se cuenta la historia de la pareja de marras.

La historia, en general, me gustaba. Había un personaje episódico, otro ex oficinista de los antiguos sindicatos que, con un libro en la mano y como admirable acercamiento, no exento de escrúpulos, al hecho cultural, le decía a Ciges: «Mira, aquí lo tienes, un gran poeta y sin necesidad de ser maricón: don José María Pemán».

Celia iba a ser mi debut como director de una serie de televisión. José Luis Borau me llamó para dirigirla. Yo sentía una especial estima profesional por Borau. Creo que ha sido uno de los mejores directores de cine que ha habido en España. De los más rigurosos y serios narradores que he conocido. Por otra parte, me parece que era un hombre aún más misántropo que yo y quizá sin tanto sentido del humor, que no digo que no tuviera, porque sí lo tenía. Probablemente, no encontró las gateras para la misantropía que he encontrado yo; y eso lo aislaba. En mi caso, no ha sido así y me sigo comunicando con la gente incluso con cierto desparpajo. El aislamiento de Borau le hacía concebir historias demasiado cerradas.

Durante la preparación de la serie advertí determinadas cosas que me hacían ver que Borau estaba un poco fuera de la realidad de lo que era el día a día de la producción. Yo le decía que había alguna secuencia que no merecía la pena rodar porque el dinero que había que invertir en ella nos impedía rodar otras cosas que eran más importantes para la narración. Por ejemplo: rodar que el rey mago volase era una idea muy llamativa para los niños, posibles espectadores de la serie... de hace treinta años. En la actualidad, que alguien vuele es algo que los críos han visto montones de veces. Para nosotros era muy caro hacer volar a un rey y yo prefería que el rey no volase o que volase de forma más rudimentaria, y destinar ese dinero a conseguir un tranvía, elemento necesario argumentalmente en un episodio, y que, en los demás, nos permitiría marcar mucho mejor la época. Cuando yo sugería estas ideas, Borau siempre me decía: «Pero eso no se lo cuentes a producción, que te dirán que sí», ¡y el productor era él!

El primer material que rodé no le gustó. Unas razones eran de disparidad de criterios, y otras simples disparates. En un momento determinado, se empeñaba en que había un salto de eje y yo le explicaba que lo había rodado así para después montarlo de una manera distinta a la que él decía. Si pienso mal, estaba buscando pretextos para echarme. El caso es que surgieron más discrepancias y me hicieron dejar la dirección de la serie.

Lo pasé muy mal. En mi vida profesional nunca me había visto en una situación como aquella. No lo entendía.

Lo primero que le pregunté cuando me encargó el trabajo era por qué no lo dirigía él. Me respondió que no entendía a los niños y que, además, estaba con otro proyecto de película en marcha; quizás influyó, además de esas discrepancias técnicas, que la película que estaba preparando no le saliera. Pero las razones técnicas no tenían sentido profesional, lo que me extrañó conociendo el cine de Borau, con una factura impecable.

La viuda *del capitán Estrada* se basa en una novela de Pedro García Montalvo, *Una historia madrileña.* Me la dio el productor Eduardo Ducay. Me dijo que la leyera para ver si tenía una adaptación. Se la vi. Era una novela excelente. Pedro escribe muy bien. Había, sin embargo, un ingrediente que se acepta sin problemas en términos literarios, pero cuya concreción audiovisual me producía rechazo: Luisa se acuesta con todos aquellos hombres desgraciados por hacerles un favor, o con esa coartada. Rebajé la importancia de ese componente. Yo quería hacer una historia de *amour fou* en un ámbito militar, que es donde puede tener peores consecuencias, porque se ponen en juego la carrera y, en este caso, la honra propia y la de un compañero.

Siempre he aprovechado las escenas de sexo más o menos explícito que hay en muchas de mis películas para contar algo más que el hecho de una gozosa o no gozosa unión carnal. Por desgracia, en la cama se reproducen los esquemas de dominio de unas personas sobre otras, y en *La viuda del capitán Estrada* lo muestro adrede con una tosquedad manifiesta: uno u otro se coloca encima y lleva las riendas del ritmo del acoplamiento... Todo eso está ahí. Insisto: las escenas de sexo no son nunca solo ese acto, sino que, obligatoriamente, dentro de una narración tan sintética como la cinematográfica se debe aportar algún dato complementario que no sea el simple, aunque por otra parte complejo, disfrute físico.

En la película, las dificultades de relación sexual están multiplicadas por cuestiones religiosas, sociales, privadas, etc. Para aumentar más el desorden que la relación de los personajes interpretados por Sergi Mateu y Anna Galiena implica en ese entorno, introduje conscientemente elementos del tipo de que ellos apareciesen con la cabeza donde estaban los pies de la cama; que hubiese almohadas que se colocaban en los riñones de la amante para que la penetración fuera más fácil y profunda..., cosas que, sin duda, podrían escandalizar a las mentes de aquella época en el ámbito que se retrata.

No me arrepiento de *La viuda del capitán Estrada*, creo sinceramente que es una de las películas que tiene mejores escenas de todos mis trabajos, al margen de si se hizo carrera comercial o no con ella, aunque también se estrenó de forma muy azarosa. Fue en Albacete. Era un sábado, el domingo jugaba el Albacete su primer partido en primera división, y al día siguiente o poco más, se quitó de la cartelera argumentando que no iba gente. En esas condiciones, ¿cómo iba a ir gente al cine esos días?

Después de *La viuda del capitán Estrada*, Eduardo Ducay me habló de hacer una película con un guion precioso de Azcona, basado en un relato autobiográfico de Medardo Fraile, que titulamos *El laberinto*. Era una historia de infancia a principios de los años veinte. Ducay no se decidió a producirlo en unas determinadas fechas y entonces le comenté que me habían ofrecido hacer la serie *Celia* y que, si el proyecto cuajaba definitivamente, lo cogería y después podría hacerse la película. Comencé la serie y nunca más se me mencionó lo de rodar el guion de Azcona. Sé que Ducay habló entonces con un par de directores, pero, por lo que fuera, *El laberinto* terminó en un cajón.

RISAS. AY, RISAS.
MIS RISAS DE ESPAÑA

UNO DE LOS PRODUCTORES de *La marrana*, buen escritor, ingenioso, travieso y por entonces marido de Enriqueta Carballeira, Jaime Borrell, me propuso, junto con dos socios, que escribiera algo sobre la efeméride del V Centenario del Descubrimiento de América, porque así se conseguiría con relativa facilidad una subvención. Le dije que lo único que se me venía a la cabeza era la historia de dos pobres desgraciados, uno de ellos con una marrana preñada, que, al oír que se buscaba mano de obra para ir a las Indias, deciden embarcarse con un tal Colón. Apostillé que, con tan poco lucido argumento, era dificilísimo que se mostrase ansiosa por acompañarnos ninguna subvención.

Eso sí, aprovechaba yo para inmiscuirme en un género que me resulta atractivo. Siempre he sentido admiración por la inteligencia del pícaro que es capaz de las mayores villanías para asegurarse el sustento, la supervivencia, admiración semejante en tamaño al desprecio que profeso por el sinvergüenza, por el que programa su vida para enriquecerse.

Teniendo en cuenta los tiempos que corrían, convenía afirmar cuanto antes que *La marrana*, en vez de «subirse al carro del V Centenario», pretendía hacer el mismo trayecto a pie, más barato.

Por ejemplo, a mí ni se me pasó por la imaginación hacer vidas o viajes de Colón. Primero, porque me repugnan las hazañas, los héroes, los primeros, los más listos... Y, segundo, porque soy consciente de que trabajo en la artesanía del cine, no en la industria. Escribí un guion presupuestariamente prudente. Pero también escribí el guion que más me apetecía escribir. No se necesitaba mucho para hacerlo película, pero, si no había lo suficiente, no se haría. No necesitábamos tanto apoyo institucional como para irnos a las Américas, pero si no teníamos el que necesitábamos, no podríamos hacer el viaje desde Extremadura a Palos, ni siquiera a pie...

Estudié concienzudamente las circunstancias políticas, económicas, sociales, religiosas y artísticas que posibilitaron, antecedieron y rodearon el Descubrimiento. No había afirmación, incluidas las de etnología y fauna fantásticas, cuya procedencia no pudiera ser probada documentalmente. Y no había detalle histórico que no hubiera sido mirado con lupa. En este apartado tengo que agradecer a Ramón Alba el que pusiera a mi alcance la bibliografía que manejé y sus conocimientos, paciencia, tiempo, buena voluntad y mejor humor.

Leído lo leído y visto lo visto, por muy serio que fuera el camino de ida hacia el conocimiento de aquella época y por muy tristes que fueran las conclusiones a las que te llevara ese conocimiento, el camino de vuelta, como suele ocurrir en otras películas que he hecho —*El bosque animado, Total, Amanece, que no es poco* y *Así en el cielo como en la tierra*—, estaba lleno de humor. Un humor usado como gatera para soltar por ella las cosas que, vistas, oídas, leídas o soñadas, tengo que quitarme de encima para que no me pudran el hígado. Si no, me daría un tiro.

La marrana era una historia escrita con los materiales de las vísperas de la gran picaresca española. Se cuidó el factor histórico, se evidenciaron las preocupaciones de la época, se trajeron a la boca de los personajes las leyendas, ideas y prejuicios de aquel mundo y se hizo que Bartolomé, Ruy y la gorrina recorrieran un doloroso camino con el mejor talante, con el único espíritu que les permitía sobrevivir.

El trayecto más corto hacia lo universal es el que pasa por lo particular, el que en lo particular encuentra su más profunda justificación y expresión. Interesa de verdad lo original y único: Alonso Quijano y Pantagruel, Julieta y Madame Bovary, Fray Gerundio de Campazas o Pecuchet. ¿Por qué, entonces, tanto empeño por contribuir a la gran mentira con héroes que se entiendan en Tonkín y en Oklahoma? ¿En héroes de nadie y para nadie, hechos, sin duda, con la confianza de que el público todo, por afinidad de los extremos, por identidad de los absolutos, se haya convertido ya en «público nada»?

La marrana era el pequeñísimo trozo de sentida verdad sobre los hechos que se conmemoraban —también el fin de la dominación árabe en España, también la expulsión de los judíos— en aquel V Centenario. Una pequeña verdad muy divertida que gozosa y orgullosamente quisimos poner en fotogramas.

Tocando fondo era otra historia de pícaros, pero contemporáneos. O mejor dicho, de sinvergüenzas, porque el pícaro lucha por su supervivencia y el sinvergüenza, por su enriquecimiento. Tengo una especial antipatía por los que dedican el noventa por ciento de sus esfuerzos a hacerse ricos. Son un colectivo antipatiquísimo, no tienen conversación. Alardean de fuerza, de depredadores consumados; pero normalmente, en su vida privada, son un desastre. No tienen tiempo ni ánimo ni maneras para las relaciones sentimentales, humanas. El protagonista, Resines, era uno de ellos.

Comienzos de 1993. Un fantasma recorre el mundo: la crisis. Los titulares de las páginas económicas de todos los diarios entonan el gorigori por las finanzas del planeta como si alguien se hubiera echado todos los duros a la faltriquera y hubiese dejado al resto de los mortales, ahora sí que sí, a verlas venir.

El que firma estas páginas, que suspendió Economía Política en segundo de Derecho y desde entonces nunca ha tenido claro lo de la mantequilla y los cañones, pero que tiene cierta malicia pueblerina, barruntaba que, una vez más alguien, probablemente el mismo que se ha llenado la faltriquera de duros, quería hacernos ver visiones y que más de un listo se apresuraría a ponerse en la taquilla para cobrar la entrada.

Hablando en plata: hubiera crisis o no la hubiera, los que no iban a faltar iban a ser quienes en nombre de tan mentada señora se hicieran con una pasta gansa. Siempre ha ocurrido.

Y algunos de estos van a dar carne a esta comedia: Andrés de Granada Ortiz y Fulgencio Córcoles, su sobrino carnal por parte de hermana. Almacenista de varios, el primero, cercano a los cuarenta, grandón y con más beneficio que oficio claro, piensa que los primeros meses de 1993 son un momento especialmente indicado para hacer negocios. El puro negocio, el negocio duro. En el que te puede ir la bolsa o la vida. Con veintitantos años, el otro viene a la Corte desde Aranda de Duero, fugitivo de la Formación Profesional y al encuentro de Araceli, una novia que ha terminado Veterinaria y ya ejerce. No tiene las ideas tan claras como su tío. Pero sí una inmejorable inclinación a aprender de él.

La crisis del título responde a los tres mimbres maestros que hacen cesto en esta historia.

Primero: la cacareada crisis, la crisis de todos, que es el caldo de cultivo donde Andrés guisa sus trapicheos, ayudado, unas veces, y entorpecido, otras, por su sobrino el de Aranda.

Segundo: la crisis sentimental, que culmina con un Andrés abandonado por su mujer, que se va con un domador muy fuerte. Y...

Tercero: la crisis que termina separando a sobrino y tío al final de la historia.

Para interpretar a los protagonistas de esta comedia elegimos a Antonio Resines, hábil como nadie para hacer simpáticos seres abyectos que expresan con la mayor convicción las teorías más peregrinas y que ejecutan sin remordimiento alguno canalladas superlativas, y a Jorge Sanz, como Fulgencio, joven garañón y aprendiz aventajado del birlibirloque financiero.

El género es deudor de la realidad en que se desarrolla. La comedia se nutre de elementos perfectamente identificables por el espectador. Por lo tanto, es fácil que en comedias urbanas los personajes de unas películas se puedan ir a vivir con cierta comodidad a otras.

Por otro lado, yo no sé darle excesiva importancia a la política o a la administración que haya en ese momento. No quiero ponerme en poeta barato, pero creo que la vida, a poco que se la deje, vive. Si en el hueco de una roca hay dos centímetros de arena, sale un pino. La capacidad de adaptación de los vegetales y los animales es tremenda. Los sinvergüenzas vegetan en las zonas más *estercoladas* de la sociedad, y personajes como los de *Pares y nones* y *Tocando fondo* conviven con las administraciones políticas que sean.

Pienso que sería injusto hacer un balance de la democracia como la época de la proliferación de sinvergüenzas. Lo que pasa es que son más conocidos. Los medios de comunicación hablan de ellos. En un régimen dictatorial, y partiendo de que no hay mayor corrupción que una dictadura, las corrupciones económicas son mucho más terribles. Nadie podía atreverse a publicar en aquella época alguna crítica a las grandes fortunas del franquismo. Sin embargo, ahora cualquier desvío económico puede ser perfectamente denunciable. Mientras las sinvergonzonadas sean entre pobres tipos —aunque se forren—, me parecen absolutamente risibles. Lo malo es cuando la corrupción llega a las estructuras del poder político, militar, judicial... Es terrible que la corrupción alcance a instituciones que tendrían que combatirla de oficio.

La risa es buenísima. Cinco minutos de risa equivalen a cuarenta y cinco de ejercicios aeróbicos. Al reírnos ejercitamos cuatrocientos músculos. Quince de ellos de la cara y todos los del abdomen y el estómago. Producimos endorfinas, dopamina y oxitocina que actúan benéficamente como analgésicos y contra el insomnio, los ronquidos, el estreñimiento, el estrés... Una ganga.

Y, ¿cómo consigue uno que le dé la risa para beneficiarse con tanto beneficio?

No todo el mundo se ríe, y no todos los que se ríen lo hacen por las mismas razones. Está bastante extendido el hecho de que si te hacen cosquillas, te ríes. O el de que si ves que a alguien le dan un susto de muerte, también te ríes. Móviles generalizados que llevan a la sonrisa, a la risa o a la carcajada pueden ser la maliciosidad, el regodeo, la burla, el ridículo ajeno, la metedura de pata, lo patético, la ignorancia...

Pero, a veces, ni eso. Yo no recuerdo haber visto a mi madre riéndose abiertamente. Nunca en la vida. Sonreír con cierta timidez o vergüenza, sí. Desternillarse, no. Rafael Azcona contó más de una vez que en su casa natal de Logroño, cuando durante alguna celebración familiar o alguna fiesta de mucho alborozo aparecían las risas, las carcajadas y el despiporre, su madre esperaba a que se fueran diluyendo y, sin enfatizar, pero con firmeza, sentenciaba: «Ya nos arrepentiremos, ya».

La risa no debe ser una cosa muy seria cuando «morirse de risa» viene a significar lo mismo que «mearse de risa» y ambas frases lo mismo que «reírse mucho» o «reírse con ganas». Compárese, por ejemplo, lo anterior con el patetismo melodramático que encierra la afirmación: «La princesa se moría de amor» y adviértase que nadie buscaría una equivalencia semántica con esta otra: «La princesa se meaba de amor». No, uno puede «mearse de risa» hasta la muerte y, en definitiva, no pasará nada, pero, como se le ocurra «mearse de amor», nadie lo entenderá. Absténganse, pues, y amén en seco.

Pero tampoco les va a garantizar nadie la comprensión porque se mueran de risa. Me explico, por más que sea una obviedad: lo que hace gracia a unos pocos no se la hace a otros, y lo que se la hace a estos o a parte de estos no se la hace a los otros o a parte de los otros, e incluso existe la posibilidad de que cada «gracia» haga gracia a un colectivo distinto, formado por individuos distintos, que respondan con risas ante una determina gracia y no ante la siguiente. Y esto es ciencia.

Yo sé, es un poner, que hay gente, benévolos compañeros de profesión, sobre todo, que, indignados por películas como *Total*, *Amanece, que no es poco* o *Así en el cielo como en la tierra*, que es el sanctasanctórum de mi despiporre particular, y que manufacturé yo, dicen: «¿Por qué coño —suelen decir «coño» o «cojones», pero una de las dos cosas la dicen, seguro— se creerá el Cuerda este que lo que le hace gracia a él nos tiene que hacer gracia a los demás?». O dicen también: «Se creerá Fellini, el tonto este. A ver, ¿por qué tenemos que aguantar que nos cuente lo que a él se le ocurra?». Y se enfadan mucho y se les pone la cara colorada como efecto de su irritación y me profesan manía y tirria.

«Tristes los tiempos en los que hay que luchar por las cosas evidentes», afirmaba Bertolt Brecht, al que cada vez se cita menos, por rojo y por mujeriego, que fue, esto de la inclinación a las faldas, el último descubrimiento de sus biógrafos, apenas levantada la veda con el tan celebrado fracaso del comunismo. Y yo, triste, vengo a defender la siguiente evidencia: no he encontrado la forma de escribir cosas que se les ocurran a otros sin caer en el plagio, y, segundo, no veo la manera de comprobar si algo inédito tiene gracia que no sea la de que le haga gracia al propio autor del inédito. He consultado con Woody Allen, con el Gordo y el Flaco, con Buster Keaton, con Plauto, con los hermanos Álvarez Quintero, y ellos hacen lo mismo. El resultado de sus obras es desigual en calidad, pero eso es porque el termómetro de medir gracia que tienen en la cabeza —el «detector de mierda a prueba de golpes», que decía Hemingway— es también de mejor o peor calidad.

Pero no comparece uno aquí para defender sus propias trincheras ante el enemigo —del que siempre nos interesa creer que es estúpido y envidioso de nuestras prendas—, sino para... Y yo qué sé. Yo no sé teorizar sobre la risa, yo no sé calcularla, yo no sé justificarla...

Uno se ríe de lo que le hace gracia. Es decir, uno se entrega por la boca a la emisión de sonidos inarticulados, acompañados de movimientos convulsivos de otras partes del rostro y del cuerpo, incluida la andorga, ante la «gallardía y despejo en la ejecución de una cosa» o ante un «dicho discreto y de donaire». He elegido estas dos definiciones de «gracia», entre las muchas que ofrece el diccionario, porque, según mi entender, son las únicas medianamente adecuadas al caso, ya que no me parece propio afirmar que uno se ríe del «don de Dios ordenado al logro de la bienaventuranza», puesto que no hay porqué, ni mucho menos va a reírse del «acompañamiento que va después del entierro a la casa del difunto» o del «responso que se dice en ella», porque sería de pésima educación.

Así que, convencido de que se me admitirán como buenas las definiciones de «gracia» que he elegido en el Casares, paso a intentar contarles a ustedes cuáles son las gallardías y los despejos en las ejecuciones de las cosas y cuáles los dichos discretos y de donaire que me hacen gracia a mí, para lo que de nuevo valdría como premisa mayor la conocida frase de Hitchcock: «Esto, por una parte, tiene mucha gracia, pero, por otra, maldita la gracia que tiene». Frase esta, por supuesto, que yo he intentado tener como precepto de obligado cumplimiento en la ejecución de todas las comedias que he hecho. Viene esto a querer decir que no creo en las gracias unívocas ni mecánicas, por más que en esta tierra tan áspera y tan llena de riscos y barbechos en la que pacemos los de España, las tales gracias son más agradecidas que las que necesitan quiebro del normalmente modorro divagar del caletre patrio.

Es, este nuestro, país en el que si no tocas la trompeta, parece que no te expresas; en el que si no evidencias, no razonas; y si no gritas, es que no tienes nada que decir. Es, este nuestro, país en el que si alguien se entera de que uno labra, mal que bien, los bancales del espíritu, no tarda en comunicarte su anhelo de que mejor estarías picando piedra en cantera. Es, este nuestro, país, por fin, en el que, aún hoy, de alguna de las mil formas que la vida actual propugna y vende, el poder echa una mano a la cartuchera cuando oye hablar de inteligencia.

Venga todo lo anterior a medio introducir los balbuceos teóricos de este enemigo a reventar de la zafiedad, la pereza y la parálisis mental, tan en boga y tan justificadas por «pensamientos débiles» y cortos. No hay más risa que la que arde, ni más humor que el que moja sus bocados en las ácidas salsas de los humores viscerales más rumiados por el cuerpo; que no hay mejor condimento que el azufre, ni mayor expansión del alma acogotada que la que produce un buen retorcimiento de pescuezo al común saber, entendido este como incuestionable prejuicio de cuanto hay en la vida, y que nada tiene que ver con el «sentido común» que, muy ingenuamente, Descartes creía tan bien repartido entre los hombres.

En medio de tanta «desgracia ambiente», en España hemos tenido magníficos reidores: Cervantes, Quevedo, Mateo Alemán, Goya, Buñuel, Azcona, Berlanga, Tono, Mihura, mi abuelo Julio, algún sargento, algún sacerdote, los fabricantes anónimos de chistes bordes...

Si yo he contribuido con un comino, un cañamón, un granito de alpiste, al patrimonio risible de la nación, entiéndase que lo he hecho a partir de las más negras reflexiones sobre el ser humano en general y sobre el chulo español en particular, e igualmente sobre el firme convencimiento de que tan espantosa ciencia no redimía de la inexplicable obligación de defender al débil frente el fuerte, si a ello hubiera lugar.

En todas mis películas los protagonistas pierden. No creo que en una vida a la que se viene a morir pueda ganar nadie, y los que se creen ganadores no son más que patéticos monigotes autoinflados por el ridículo sistema de soplarse a sí mismos por el culo. Pero tampoco me interesa hacer una complaciente épica del perdedor. Me encuentro más a gusto si me acerco a él con la precaución o el mimo, si se quiere, de quien sabe que a las heridas abiertas les hace daño hasta el más lírico «céfiro blando» que venga a rozarlas.

Toda película, toda creación de personajes, es un acercamiento a seres humanos y, desde el Renacimiento, ese acercamiento se hace desde una perspectiva. Yo me acerco a seres humanos heridos y adopto el punto de vista de la risa. Es un *modus agendi* que me parece terapéutico para mí y para los demás.

Si en todas partes el hombre es la medida de todas las cosas, en España, más. Lo que pasa es que aquí el patrón o medida es un hombre parado en una esquina a verlas venir con el consuelo refrescante de un botijo, matado de tiznajos y con el agua modificada por una gotica de anís, a la espera del enemigo. Esa víctima inconsciente de cuantos caudillajes pueda depararnos la historia patria se resiste muy mucho a ser el perdedor ni siquiera de un partido de balompié de tercera división, por lo que acepta de muy mala gana lo que él llama «el que alguien se ría de mí», y da por bueno que todo lo que no comprende, sin esfuerzo alguno, su mollera, o es una gilipollez o va en su contra. Ante testuz tan bravío es absurdo andarse con delicadezas conceptuales, por lo que conviene aconsejar a quienes quieran proporcionarse la pitanza con la risa que más se agradece aquí el regüeldo potente que *fiato* de arcángel.

Y mientras yo, que no hay quien me meta en razón, me entretengo en *Así en el cielo como en la tierra* echándole un órdago a la grande al bruto patrio al convertir al protagonista, un Dios Padre descontento, confuso, agobiado, herido, en perdedor. Así, por todo lo alto, sin miedo el trigémino nacional, y para general consuelo de quienes nos sentimos, desde siempre y para siempre, sin remedio, criaturas de la nada más azarosa en este destierro.

La idea de la película surgió de la frase que yo adjudicaba a Albert Camus, y que últimamente he visto atribuida a otros autores, de que «un hombre a partir de los cuarenta años es totalmente responsable de su rostro». Creo que si un hombre a los cuarenta años es responsable de su cara, todas las sociedades son responsables de sus dioses. Los guías de masas o grupos se inventan divinidades para solucionar determinadas carencias sociales. La existencia de otra vida es una hipérbole del instinto de conservación. Es decir, que uno no se conforma con esta vida y prefiere que haya una que dure eternamente. Cuando alguien descubre ese filón de oro espiritual, lo administra y se convierte en Iglesia. Puestos a desenmascarar la mascarada, una forma de hacerlo sería predicar que, si hay otra vida, será en un sitio parecido a este. La vida perdurable que yo prefiero para un país como España sería la que transcurriera en un pueblo berlanguiano.

Así en el cielo como en la tierra es un paso adelante más en un camino que me lleva de lo terrenal a lo celestial. Un órdago a la grande. Me gustaban ideas como la de que Dios se vea en dificultades para encontrar una segunda Virgen con la que mandar a este mundo un segundo Hijo que no le fallara como el primero, o que le entrasen dudas sobre su propia identidad al leer a unos que se llaman existencialistas.

TRAS *Así en el cielo como en la tierra,* me llamó el productor Hervé Hachuel y me dijo que tenía los derechos de la serie *Makinavaja* y que Carlos Suárez no iba a seguir dirigiéndola. Que si me apetecía realizar los nuevos episodios.

De entrada, lo que más me animó fue la idea de poner un huevo en nido ajeno: ver si podía hacer vídeo, si el vídeo iba a suponer tener que hacer esas cosas espantosas que no me gustan nada, si se podía realizar de otra manera que la acostumbrada, sin que fuera más costosa. Pronto comprobé que se podía iluminar mejor de lo que normalmente se ilumina en vídeo y que eso no lleva más tiempo. Que no hay que rodar con tres o cuatro cámaras la mayoría de las veces, sino con una sola porque, en realidad, no se adelanta nada y el rodar con muchas cámaras entorpece la iluminación y la captación del sonido.

Leí todas las historietas de Ivà. Muchas me gustaron, pero otras no me gustaron nada. Hay determinadas cosas sobre las que mi opinión y mi conciencia me impiden trabajar. Hay acciones de Makinavaja con las que no estoy de acuerdo en absoluto. Hay otras que me parecen muy bien y lo convierten en un personaje sanchopancesco, que forma parte de la fauna picaresca que yo entiendo y apoyo. Sin embargo, no comprendo las historias como la de un parado al que convencen, dado el dinero que tiene, para que tire a su hijo por la ventana y así ni tendrá que alimentarlo. Yo no sé cómo hacer eso. Ivà lo escribía y le parecía muy bien escribirlo, pero yo no respaldo que, por muy entes de ficción que sean, maten viejas, por ejemplo. No me hace reír ni me gusta ese humor tremendista, ni me parece que sea un elemento de reflexión suficiente para que alguien ocupe su cabeza y le dé vueltas a por qué se produce eso. Tengo un rechazo moral y político hacia esos asuntos. Como lo tengo hacia el gore. Me repugna.

Convivir en sociedad sin unas mínimas ordenanzas que impidan el que uno joda al otro me parece imposible. Cabe la posibilidad de hacerse ermitaño. Ni jodes ni te joden. De todas maneras, no creo que traicionase lo más radical y serio de las propuestas de Ivà con respecto a Makinavaja.

HICE TAMBIÉN una adaptación de *El hereje*, de Miguel Delibes, de cuatro horas de duración, que siempre he presentado como dos películas de dos horas, tipo *Novecento*, o cuatro episodios de una hora para televisión.

Pero dicen que es muy caro. ¿Es muy caro en relación a qué? En relación a la retransmisión de los partidos de fútbol, no creo. Y en relación a otras series que se están haciendo, tampoco.

Delibes se quedó muy jodido con aquella historia. Decía que le gustaba tanto el guion, que cuando lo leía canturreaba. Y yo le contestaba: «Pues es una señal muy buena, Miguel, teniendo en cuenta la mala uva que se te está poniendo».

RAFAEL AZCONA EN LA VIDA

No conozco ninguna definición completa y clara de lo que es la vida, ni física ni metafísica. O las que conozco, parciales y aproximativas, puede que prediquen algo, pero ni la abarcan ni la incluyen ni la concluyen, y su enunciado plantea más preguntas que proporciona respuestas. La primera definición recogida en el diccionario ideológico de Casares afirma que vida es: «Actividad funcional de los seres orgánicos, indispensable para su conservación». De esa vida definida así en su mera actividad mecánica podría decirse que eso no es vida, porque deja tantas cosas fuera... Segunda definición: «Espacio de tiempo que transcurre desde el nacimiento de un ser orgánico hasta su muerte». El tiempo es tiempo, no es vida. Otra definición de la vida: «Unión del alma y el cuerpo». Sin comentarios.

Aproximadamente, pero para mí más cercana, sería una definición que afirmase sin muchas pretensiones que la vida humana es el paso que hacemos cada uno por el planeta Tierra, si no somos astronautas, camino de las postrimerías y del hasta aquí hemos llegado, amén, Jesús.

La manera de recorrer ese camino, con cálculo o a la ligera, con ilusiones, sueños y descomposiciones de vientre, solos o rodeados de amigos y enemigos, sanos o pachuchos, deprisa, lentos, a empujones es la vida en el mundo. De eso comió Azcona raciones pantagruélicas en forma de lecturas y escrituras, de portentosas aventuras menestrales, de risas, de iras insignificantes y muy breves, y de amigos a los que mimaba con mucho respeto.

Como todos saben, el primer chapuzón de Azcona en la vida se produce en Logroño, y es de suponer que su primera reacción fue la de todo recién nacido: echarse a llorar. Está claro que venimos aprendidos y que luego nos pasamos años y años intentando olvidar y hasta sonreír. De esa prehistoria logroñesa arrastra Azcona para siempre un prudente escepticismo enseñado con eficacia por un viejo maestro, algún amor contrariado, unos primeros versos, una economía endeble y una propensión inevitable a la literatura, que lo trae a Madrid, única plaza en la que intuye que se puede lidiar esa novilla.

Es un Madrid de supervivencia en todos los órdenes, donde la picaresca del día a día para llegar a comer caliente se completa no pocas noches con el ejercicio de una bohemia de vuelo de perdiz, a escasa altura, poco largo y sospechosamente ruidoso. Permítaseme, en paréntesis, que les llame la atención sobre el hecho de que esa bohemia que lucha por la supervivencia, y que en muchos casos fue practicada por los mejores, ha sido sustituida hogaño por los peores, por la sinvergonzonería que pelea a dentelladas para enriquecerse mucho y pronto.

Unas cuantas novelas a mitad de camino entre un realismo mate, nada zarzuelero y un poco existencialista, y un humor en la vecindad del esperpento, más de fondo que de forma, sin esquinas, un puñado de versos limpios y muchos folios de colaboraciones en *La Codorniz* componen su obra estrictamente literaria.

Marco Ferreri se encargará pertinaz y certeramente de que se asome al cine. Berlanga, de que oficie en él y a él se consagre.

El apartamento y *Plácido* (como ya he dicho, mis películas favoritas de todos los tiempos) están a la máxima altura en la vida y «en *er* mundo», tal y como los veía y sentía Azcona, y tal y como los veo y los siento yo. Entiendo por vida, en los guiones de Azcona, un embutido de carne, grasas, criadillas, higadillos, corazón, asadura y riñones, condimentado con ilusiones, desfallecimientos, trampas, fracasos, valentías de alcance menos que mediano, sofocos, algún suspiro y halitosis frecuente, todo ello en tripa de cerdo, a veces, cular.

Creo que ya sé por qué se titula todo lo que precede «Rafael Azcona en la vida». Por todo lo que, mal o bien, les he ido contando; pero quizás también porque hay otra acepción de lo que en determinadas ocasiones quiere decir «en la vida». Quiere decir «nunca». Por ejemplo: «En la vida me subiría en un globo».

Pues bien, Azcona en la vida aceptó esta vida.

Azcona no era liposoluble. Esto conviene decirlo cuanto antes. Le gustaría como a todos, digo yo, que juzgasen sus actos favorablemente; pero no se disolvía, me consta, en los aceites de los halagos, fueran estos de vaselina perfumada con Heno de Pravia o pringue de orza. Al revés. Yo he visto cómo se ponía correoso, tenso, cuando se le masajeaba con las tales.

Malgré tout y en estas contradicciones, uno se sienta frente al portátil para cantar a Azcona como al mejor de los hombres, después de mi abuelo Julio, de la Chata del Duque y del Jesucristo de mediana edad —el que va de los veinticuatro a los veintinueve años, le calculo yo; el de antes de estropearse, en definitiva—. Y es esto así en Azcona por las razones que siguen, si acierto a razonarlas:

Azcona inventó el idioma. En Logroño. Poco después, si no me equivoco, que Berceo. Pero fue él quien lo inventó. Porque lo de Berceo, sin filología aprendida, no se entiende. Azcona vio las cosas, vio al hombre, vio las cosas que decía, hacía y sentía el hombre y les adjudicó palabras. Un montón. Distintas todas. Algunas rarísimas: «Tilonorrinco», «espiritrompa», «misericordia», «cólico». Después vio que, combinadas estas, resultaban la mayoría de las veces desconcertantes. Por ejemplo: «Te comprendo». ¿Qué querrá decir?

Inventado el idioma, vio, pues, Azcona, que, para que aquello no resultase un baile macabro de malentendidos y juegos florales había que matizar las palabras con contextos dentro del mismo lenguaje y con gestos corporales. E inventó la acción. Gracias a Azcona nos movemos todos. Por dentro y por fuera. Se nos mueven las ideas, las pasiones, los párpados y el miembro. Se nos mueven con cierto sentido, quiero decir. O sea, que excluyo el baile de San Vito, el calambre y la agitación, ese movimiento tan de moda que, como un espejismo más, nos hace creer que nos desplazamos por el simple hecho de no estarnos quietos. Cuando no es verdad.

E inventadas las dos columnas del guion, diálogo y acción —*et verbum caro factum est, et habitavit in nobis*—, Azcona inventó la verdad.

La verdad renacuaja. Es decir, la que ni tiene buen color, ni excesivo tamaño. La que se acomoda a las charcas y aspira, como mucho y si no se la come antes un lucio, a salir con el tiempo al aire y a dar saltos cortos, de rana. Y a hacerse oír, cuando entra en celo, con voz de Pepe Isbert.

La verdad azcónica —también podría decirse agónica— da para poco. Para tener convicciones de mediano alcance y lustre nulo, para ser honrado —inútil y risiblemente honrado— y para, alcanzado el éxito, dentro de sus dimensiones, comer cocina tradicional y hacer un par de viajes al año a casas rurales. Al extranjero, cada tres años y con la mujer de uno, no con otra.

La verdad azconiana ha tenido y tiene, aunque sea más un estorbo que otra cosa, sus secuaces. Sin llegar, obviamente, a constituir Iglesia y sin predicadores, Dios nos libre. Ni siquiera el propio Azcona. Él menos que nadie. Los que siguen la verdad azconiana son ineficaces y poco felices, y si miran al suelo no tropiezan; pero si alzan la vista sí tropiezan. Se ríen. Y se complacen en hallazgos como el peine, el tenedor y el mondadientes, sin desdeñar la radio y la luz eléctrica. Que son avances reales. Como el tren.

Y la verdad azconiense puede tener la belleza de la pana, del pubis, de una pastilla de jabón Lagarto, de tres churros un poco calientes, de un gato dormido. Del románico. De una madre de mediana edad a solas con su hijo. Es una verdad que también puede llegar a consolar, pero con torpeza, sin la virtud, el vigor, la trapacería y el aparato con que lo hacen las verdades grandes, las religiones y las banderas.

Lo azconiforme informa mucho más de lo que Azcona, el púdico, fue nunca capaz de reconocer, ya que penetraba de sí las cosas suyas tan irremediablemente que, de estar él a no estar en guion de película de un mismo director, el guion lo sentía y el producto era sustancialmente otro. El de Logroño afirmaba que producía sus letras a brochazos. Que todo el cine es, contra la novela o la poesía, brocha pura y que los adjetivos son siempre del director. Algo de verdad hay en todo eso, que Azcona juzgaba con tino normalmente las cosas de este mundo; pero no es menos verdad que el sustantivo y el verbo, que son del guionista, permiten, inducen, determinan a veces e impiden otras las adjetivaciones. No sería adecuado, por ejemplo, decir que la Iglesia católica es justa o que a la derecha le conciernen el progreso o el hombre. Y tampoco es verdad que, cara al director, el indómito logroñés se produjera como puta. Nada de eso. Insobornable Azcona, no admitía bajadas de guardia ni derivas inapetecidas en ningún caso.

Era Azcona, y alabarle en ello el gusto sería escaso reconocimiento, escrupuloso olfateador de bajezas morales con especial finura para detectar las imposturas de los sentimientos que, derivadas en sentimentalismo criminal, consiguen tan buena clientela como daño hacen a la justa comprensión de lo humano. Es este tipo de infección especialmente aborrecible en tiempos en los que las corrientes de pensamiento más aceptadas y mejor apreciadas en la subasta son las que cuantifican y ponen coste al hombre, a sus obras, a sus necesidades. Con lo que cualquier acercamiento al ser humano del que no se derive utilidad contable será despreciado por utópico y retardador del verdadero progreso, del progreso fetén de hoy en día. El atajo más eficaz para conseguir convencer de que las cosas son así y así están muy bien es sustituir en cualquier orden lo complejo por lo simple. El sentimiento por el ternurismo. La justicia por la caridad. El juicio por la glosa. La humanidad por la nación.

Por último, si no fuera por mi abuelo Julio, por la Chata del Duque y por Jesucristo en su edad mediana —aunque a Jesucristo estoy por quitarlo—, Azcona, Rafael Azcona, como lleva por título el pasodoble que le compusiera tan retrecheramente el maestro Bernaola, sería no solo el hombre superlativo, sino el precipitado químico más perfecto de la creación, por encima, sin duda, de la bolsa de valores, del tigre, del chorlito, del arcoíris, de los cirros, o de las Lagunas de Ruidera. Mejor que el aeroplano, incluso.

La perfección de Azcona —y yo creo que no me paso— era perfecta. Y se advertía, para que se fijara en ello quien lo viera, en cómo andaba —sin caerse, primero un pie y luego el otro—, en cómo respiraba —solo cuando le hacía falta oxígeno y sin darse cuenta—, en cómo comía o bebía, de tal manera que saciaba su hambre y su sed con el mero hecho de comer o beber. Y todo porque Azcona tenía la medida exacta del hombre, el peso que le corresponde al hombre y adecua sus funciones biológicas al mantenimiento mismo de la vida. No se puede pedir más. Aunque él, a mayor abundamiento, como mi abuelo Julio y la Chata del Duque —si hay que igualarlo a ellos para terminar en *beauté,* yo lo igualo—, quedó incluso en la memoria de los otros. Perfecto. Amable. Indisoluble en la pringue, que hasta al pasado pringa.

Nos reímos muchísimo. No nos peleamos nunca. No me cambiaba cosas y cuando yo pretendía cambiar alguna suya me dejaba cambiarla, aunque no necesité cambiar casi ninguna. En *La lengua de las mariposas,* hay un momento al final para el que escribí que el niño, sentado en la escalera, terminando de leer *La isla del tesoro,* ve que llegan los republicanos a decirle a la madre que si está su marido, y la madre miente y dice que no está. Y el niño ve todo esto desde la escalera, ve cómo el padre se sienta achantado en una butaca, cómo los republicanos se van y la madre cierra la puerta. Y yo escribo: «Cierra la puerta, apoya la espalda en ella y una lágrima asoma por su rostro». Y me dice Azcona: «¡Y una mierda! Eso solo lo hacía Virginia Mayo en los *westerns.* Nada de apoyar la espalda en la puerta. ¡Eso es como que se tire en la cama boca abajo y se ponga a sollozar!». Rehuyendo el sentimentalismo pegajoso. Y llevaba más razón que un santo. Y dije: «Pues se va a la cocina, que es donde estaba y de donde venía, y al mirar por la ventana, que de alguna manera es mirar al futuro y al pasado al mismo tiempo, se le resbala una lágrima». Y eso sí lo aceptó. No pasaba una si la cosa derivaba a lo fácil y a lo barato.

Trabajar con Azcona era aprender, disfrutar, maravillarse de su clarividencia, del tacto exquisito con el que se acercaba a los personajes, de la ética rigurosa con la que se movía por la trama, de su dignidad y de su inteligencia. Nos repartíamos secuencias, nos las enviábamos y reenviábamos con ligeras correcciones: el añadido o la sustracción de una palabra, un par de frases. El contacto con Rafael, su amistad, es sin duda ninguna una de las mejores cosas que me han pasado en mi vida.

Me enteré de su enfermedad en un curso de verano en Almería, en julio de 2007. Participábamos Manolo Gutiérrez Aragón, Vicente Molina Foix, Ángel Sánchez Harguindey, Manolo Vicent, Rafael Azcona y yo. A la hora de comer, coincidí con Rafael, camino del bufé. Íbamos con nuestras bandejas en las manos para recoger el condumio, cuando Azcona me confesó: «José Luis, estoy muy malito». Yo sabía que tenía algunos achaques, pero no le di importancia. Pocos días antes de su muerte lo invité por el telefonillo del portal de su casa para que bajara a tomar algo. Bajaron Susan y él. Rafael ya no hablaba. Se fueron a hacer algún recado y yo no me atreví a acompañarlos. No soportaba la idea de que aquella pudiera ser la última vez que nos veíamos. Y así fue.

CUANDO HICE *La lengua de las mariposas* escribí varias veces sobre mi comprensión de los cobardes. Yo mismo, en aquellos años, fui unas veces valiente y, otras, muy cobarde. Resumiendo: yo creo que cualquiera puede convertirse en determinadas circunstancias en un cobarde y creo igualmente, y con más contundencia todavía, que nadie está legitimado bajo ningún concepto para convertir en cobarde a nadie. Es más, la experiencia enseña que los fabricantes de cobardes suelen ser gente bien armada, con posibilidades inequívocas de matar a distancia y sin correr ellos el mínimo riesgo.

Desde siempre, el género al que adscribir mis películas nunca me ha preocupado lo más mínimo. Me interesan únicamente los personajes, los seres humanos. De ahí la absoluta indiferencia que me producen las omnipresentes películas de robots, extraterrestres, superpolicías, superpoderosos, supermangantes, superjusticieros... Hago vivir a esos seres humanos en las historias en las que, acertado o no, más pueden desarrollar sus potencias. Y esas historias se instalan, como vehículo comunicativo, en dramas, tragedias, comedias... El asunto de los niños viene dado porque los considero los únicos dignos de confianza en esta sociedad podrida por el medro, la corrupción, los intereses más espurios. Por lo menos ellos, mera cuestión del tiempo que les queda por delante, pueden, si es que pueden —con suerte, ciencia y conciencia— no caer en tales miserias.

MONCHO, EL niño asmático que protagoniza *La lengua de las mariposas,* va a aprender a lo largo de un curso lo que es el amor —en crudo o idealmente guisado—, la camaradería, ser rico o pobre, la libertad, humillar o ser humillado, la cobardía, la dignidad y la traición. Es un curso muy complejo y muy aprovechable que terminará cuando comience el verano de 1936. Durante el mismo, don Gregorio, un maestro que, en contra de lo que Moncho creía, no pega, también les enseñará, antes de jubilarse, qué es un ornitorrinco, qué es el néctar, algunos poemas de don Antonio Machado, que las patatas las trajo Colón de América y por qué las mariposas tienen la lengua enroscada como la cuerda de un reloj, cosa esta última que podrán comprobar con detalle si el Ministerio de Instrucción Pública les manda por fin el microscopio tantas veces pedido y reclamado.

Manuel Lozano y Fernando Fernán Gómez, niño y maestro, tejen con sus interpretaciones —inexplicable, milagrosa, la primera; en la cima de las suyas, la segunda— una relación tierna, compleja y tensa como no ha habido otra en nuestro cine. No exagero.

La materia prima de la película procede de *¿Qué me quieres, amor?*, el libro de Manuel Rivas de cuyos relatos «La lengua de las mariposas», «Un saxo en la niebla» y «Carmiña» extrajo Rafael Azcona para el guion personajes y situaciones que se trabaran en una única historia.

Rivas —a estas alturas lo sabe todo el mundo— es maestro en hacer que palpite lo menudo que casi nadie ve, en aplicar bálsamo honrado a las heridas, en decir verdades como puños de niño.

Y Azcona —a estas alturas ya nadie puede negarlo— era inalcanzable en el arte de administrar luz de bombilla sobre lo nuestro —tan terrible— a sabiendas, lo cual añade mérito en su caso, de que la luz no cura la ceguera y, lo que es peor, que este mundo va a pasos de gigante hacia la fotofobia, la sordera y la tontuna.

Fernando Fernán Gómez era una de las cumbres de muchas disciplinas sutiles: hablar, hacer personajes, dirigir películas, escribir en drama, en prosa y en verso, ser amigo, no pasar una.

Desde el privilegio impagable de haberlos aunado —a Rivas, a Azcona y a Fernán Gómez—, uno no podía más que santiguarse y desear no haber errado en lo suyo, consciente de que lo de ellos rebosaba.

Nunca quise, y en esta ocasión mucho menos todavía, contar lo que sé, sino lo que quiero explorar, lo que me afecta, las cosas que tiran de mí y me descolocan, las que se mueven. Y eso, salvo que uno sea un canalla, obliga a ser sincero —intenté serlo— y, en mi caso, sin mérito alguno, pudoroso, porque me da terror la infección sentimental.

El vértigo que me producen las situaciones de «moral difícil» —qué haría yo en su caso—, mi incapacidad para apreciar la pérdida, aunque solo sea por unos segundos, del instinto de conservación que caracteriza a los héroes, mi terror ante quienes matan cuerpos o asesinan dignidades, hicieron que, desde que leí *La lengua de las mariposas*, se convirtiera en mi proyecto más querido.

En un horizonte, que uno no podía despegar del corazón, estaban *Lacombe Lucien*, de Malle, y *Alemania, año cero*, de Rossellini.

Estructurada la película como un *crescendo* imparable, apenas perceptible en su desarrollo, espero que algo contribuyéramos, Rivas el primero y los demás detrás de él, a restituir la dignidad de aquellos «otros» caídos, que tan injusta y dolorosamente cargaron sobre sus espaldas de por vida con su propia estima muerta.

Como autor de cine sé que el cine no tiene nada que ver con ninguna otra arte, ni es, como se decía, compendio y suma de tantas otras. Pero como espectador no sé separar el tipo de placer que me produce el cine del que me proporcionan la literatura, el teatro, la pintura o la música. Ponen en funcionamiento dentro de mí una serie de receptores que son de la misma naturaleza. Disfruto por igual viendo una película de Ophüls que oyendo a Juan Sebastián Bach.

En el Festival de Sundance donde se presentó *La lengua de las mariposas* me pidieron que escribiera sobre cuáles eran las influencias que, al margen del cine, más notaba en mí. Yo no noto ninguna que no sea la de la vida. Escribí entonces de los autores que me afectan. De cómo Bach, Borges y el arte dogón, de Mali, por ejemplo, me ayudan a jerarquizar las ideas y los sentimientos y a relacionarlos.

Picasso, Braque o Matisse tienen la virtud de ponerme en mi sitio, de recordarme sangrientamente el lugar que ocupo en el mundo. La desenvoltura genial del Picasso perpetuo bocetista, radical inacabador de obras que suman e incorporan ese inevitable inacabamiento a la obra de arte más vital y completa del siglo, me estimula y me mueve como pocos.

Es curioso que con la música, con el jazz, en concreto, me pase algo parecido a lo que me ocurre con Picasso: la redondez de una pieza de jazz, o de flamenco, es una esfericidad llena de rotos por la que escapan las normas y las reglas. El jazz, como Goya, te pone en jaque pequeñas y grandes cosas muy saludablemente.

Por otro lado, Cézanne me parece uno de los autores más generosos que he conocido nunca: las variantes del monte Santa Victoria son una lección para la mirada y para el corazón. Otro pintor, Morandi, me ayuda a valorar la expresividad de elementos mínimos, y a fijar las verdaderas dimensiones de las cosas y cómo deben afectarse.

Hay artistas de enorme capacidad depurativa: Azcona, Bacon, Wilder. Te dejan los riñones y el hígado como nuevos y te iluminan de una manera especial el orden interno que uno tiene establecido, te lo descolocan y te pegan fogonazos sobre las zonas más oscuras de los sentimientos, esas que a uno no le gusta visitar porque hacen daño.

PRIMER AMOR es la adaptación de otro texto de Manolo Rivas, mi «adaptable» favorito, tan poeta como narrador. Es la historia de una pareja de adolescentes que se reencuentran, que están enamorados y que verán su vida sustancialmente modificada. Un hermosísimo poema en prosa.

Se trata de contar una vez más una historia que me interesa, tenga esta la duración que tenga. Es una historia mínima, triste, que termina de manera patética. Los protagonistas son una chica y un chico de trece años. Lo rodamos en un solo día. Todo transcurre en dos minutos en los que los personajes hablan y ya está. El antiespectáculo, por decirlo así. Estoy harto de tanto espectáculo. Tanto fuego de artificio. Y a mí me parece que en ese tiempo tan corto se puede contar una historia llena de sugerencias. Ya, desde el título, cabe interpretar cuatro cosas diferentes. Primer amor, aplicado al chico es, sin duda, lo que él siente por la chica. Pero, aplicado a la chica, es algo distinto. Puede ser incluso una primera y única experiencia sexual que la va a dejar marcada de por vida. Primer amor puede también referirse a esa aldea gallega en la que ella nació y a la que la chica vuelve desde Barcelona para vivir retirada y con los suyos una nueva vida. Pero también puede ser ese amor que despierta en nosotros, que venimos de una población pequeña, esa primera gran ciudad, Madrid, Barcelona, París o Nueva York, que descubrimos en la adolescencia y que nos promete un mundo.

La manera de alardear el muchacho, la interiorización que ella hace de todo, la inevitabilidad del drama... Es un corto que puede dar para mucho. Pero, como he dicho tantas veces, de nuevo hay que poner en movimiento el caletre. Puede no interesar lo más mínimo. Por lo menos no aburrirá. Son dos minutos.

LAS PRODUCCIONES DEL ESCORPIÓN

Hacia 1982 o 1983 pensé en fundar una productora con Josefina Molina y Manolo Pérez Estremera para realizar series de televisión. Teníamos el proyecto de grabar una especie de *La Clave* sobre cuadros de El Prado. La idea no cuajó.

La empresa se iba a llamar Las Producciones del Escorpión, puesto que Josefina y Manolo son escorpión y estaban en mayoría frente a mí, que soy acuario. Otra idea que me gustaba para utilizar ese nombre era la respuesta a la siguiente pregunta: «¿El escorpión qué produce?». Solo hay una respuesta: veneno. Y, en los tiempos que corren, un poquito de veneno no viene mal. Aunque sea en dosis homeopáticas.

Con Las Producciones del Escorpión produjimos *Tesis* en 1996. Antes de estrenarla, le propuse a Amenábar que sus dos siguientes películas las hiciésemos juntos. La idea era consolidar la productora, servirnos los unos a los otros y continuar nuestra relación. Me producía vértigo quedarme con la productora sin saber cuál iba a ser la siguiente película. Puesto que nos había ido bien, estuvimos de acuerdo en seguir. Con respecto a las fuentes de financiación, pensé que Las Producciones del Escorpión no debía depender de si una película salía bien o no. Mis socios, el director de producción Emiliano Otegui, el operador de cámara Julio Madurga y los sonidistas Daniel Goldstein y Ricardo Steinberg opinaban lo mismo. Así que firmamos un acuerdo marco con Sogetel.

DESDE MI punto de vista, las tres películas de Alejandro Amenábar en las que participó Las Producciones del Escorpión trataban, a fin de cuentas, de la búsqueda de la verdad, de cómo esa búsqueda es muy dificultosa y de cómo el hallazgo de la misma produce dolor.

En *Tesis* la verdad que se persigue, lo que quiere saber su estudiosa protagonista, es el porqué de tanta violencia en el audiovisual de hoy. La dificultad para encontrar ese porqué es de una doble naturaleza. En primer lugar, esa violencia, que la estudiante quiere conocer y que teóricamente rechaza, se produce, sin que en apariencia ella parezca sospecharlo, en su entorno más inmediato, por lo que le resulta complicadísimo verla. Pero es que, además, no está nada claro que lo que guíe a la tesinanda a la hora de sus averiguaciones sea más el afán de saber que la morbosidad de frecuentar tal violencia e incluso el riesgo de ser atrapada por quienes la practican. El dolor resultante del hallazgo de la verdad perseguida tiene también varias facetas. El lugar donde la protagonista busca aprender y relacionarse con amigos que tienen sus mismos intereses, la facultad, es, paradójicamente, el sitio menos adecuado para tales empeños ya que, a las enseñanzas chatas del profesor Castro hay que añadir el hecho de que semejante templo del saber encubra en sus sótanos una factoría de cine criminal. Para colmo de males, la propia protagonista está a punto de morir, víctima de la verdad descubierta, y con el dolor añadido de que el criminal, al que tendrá que matar para salvar su vida, sea la persona de la que ella se ha ido enamorando. Por último, la verdad definitiva que descubre el espectador también hace daño: quienes lo representan al final de la película son esos enfermos que en las habitaciones del hospital no pueden despegar sus miradas de las pantallas de la televisión, y menos a partir del momento en que la locutora advierte que las imágenes que van a ver pueden dañar su sensibilidad, reclamo este definitivo para que ninguno de ellos quiera perderse el espectáculo.

ADQUIRÍ, EN 1996, una opción sobre la novela de Fernández Flórez no ya para disponer de ningún material nuevo de la novela, que estaba prácticamente agotado con la película, sino para tener los derechos sobre los personajes y poder hacer una serie de televisión en la que los protagonistas fuesen el bandido Fendetestas, Fuco, el niño que a última hora se va con él para aprender a ser bandido, y, por supuesto, el alma en pena, Fiz, que sigue rondando por allí. También saldrían otros personajes de la película.

No interesó el proyecto en ninguna televisión. Ni en Antena 3, ni en Tele 5, ni en la Televisión Gallega, ni en TVE. Hice una presentación explicando de qué iba a tratar la serie y los capítulos de los que constaría. Y como episodio piloto valía *El bosque animado*, la película. Alfredo Landa estaba de acuerdo en ser el protagonista.

También les llevé otro proyecto paralelo, que era una serie de películas de intriga dirigidas por Alejandro Amenábar. Se acababa de estrenar *Tesis*. Pensé que una de las formas de conseguir recursos para Las Producciones del Escorpión era hacer cosas para televisión. Tampoco interesó.

En realidad, este asunto llegó a escandalizarme. ¿Qué querían? Que se presenten dos series cuyos programas piloto son *El bosque animado* y *Tesis* y que no se consideren factibles es algo que no puedo comprender.

He leído que Penélope Cruz asegura que Alejandro Amenábar es un genio y que, para cerciorarse de ello, no hay nada mejor que mirarle a los ojos. A mí, aplicado el mismo sistema de mirar a los ojos, Penélope también me parece una *genia*, una *genia* con ojos antropófagos. Y creo que las dos cosas son verdad, la que dice Penélope y la que digo yo. Pero el sistema que usan para ser genios con los ojos, o mejor, lo que les sale a una y a otro, porque no creo que vayan por ahí premeditando semejantes cosas, es muy distinto. El sistema Amenábar consiste en mirar fijo con los dos ojos, pero torcer uno un poco hacia dentro. Y esto es de gran eficacia para que nadie se sienta seguro de nada. Para que se sepa que nada está en orden. Hitchcock filmó la *summa theologica* de semejante aserto, y cualquier genio tiene que admitir el desorden intrínseco y medular del alma misma como premisa mayor de todo lo humano.

Penélope tiene otro tipo de genialidad ocular más franca. Tiene los ojos como toriles. Lo que puede, aunque no sé si debe, restarle metafísica, pero añadirle percusión. Amenábar, de mirada firme y torcida, mantiene la tesis de que hay que abrir los ojos. Y yo, que estoy operado de cataratas, estoy de acuerdo con él.

Abre los ojos, un triple salto mortal sin red que Amenábar se impuso a sabiendas de que podía resultarle mucho más cómodo y más rentable agotar la fórmula feracísima abierta por *Tesis*, reflexiona a tumba abierta sobre la propia identidad: las verdades que encierra, los autoengaños que oculta, lo que los demás alcanzan a ver en nosotros o lo que a nosotros nos interesa que vean y, por lo tanto, mostramos con más vehemencia. El protagonista convive al comienzo de la historia con una realidad muy grata. Lo que se conoce de él es de gran valor en el mundo de hoy: guapo, rico, ocioso... Pero todo se rompe. La quiebra dramática de su apariencia lo modifica sustancialmente hasta extremos tan insoportables para él que prefiere poner fin a su vida a cambio de, pasado el tiempo que haga falta, volver a recuperar la apariencia que lo hace tan valioso. En semejante proceso, las verdades a las que accede son terribles: «uno es su apariencia», «el amor es más apetecible si su consecución daña a otros», «si se nos permitiera escribir nuestra propia historia, escribiríamos la narración de un fracaso». En el torbellino vital en el que el propio protagonista se ha metido, siente, llegado un momento insufrible, la necesidad de que «alguien le diga la verdad», a lo que la única persona que puede darle respuesta le advierte que quizás «no la soporte». Cuando descubre que todo lo que ha vivido en los últimos tiempos ha sido exactamente lo que él ha querido vivir y que ello coincide con la peor pesadilla que ha sabido imaginar, el protagonista decide darse muerte otra vez. Acceder a una nueva verdad dolorosa que implica nacer a un mundo desconocido, sin amigos, sin amores... Eso sí, con su apariencia grata y rentable recobrada al fin. Triste trueque.

La verdad que Grace no quiere reconocer a lo largo de la angustiosa peripecia vital de *Los Otros* es la de haber matado a sus hijos, la de que no existe más purgatorio que el que uno se da a sí mismo, ni otra vida que no sea esta, hasta el extremo de que, si existiera un más allá, estaría situado exactamente como un calco sobre este mundo de aquí y ahora, en nuestros dormitorios, en nuestras cocinas, con sus días y sus noches. ¿No es eso lo que viene a reconocer Grace —a plena luz del día ya— cuando insiste en proclamar a coro con sus hijos «Esta casa es nuestra casa»? De nada le ha servido negarles la luz, todas las luces, a sus hijos y de nada le ha servido quitarles y quitarse la vida, porque lo mejor que podía pasarles coincide en su caso con lo peor: Grace, que siempre ha sabido todas las respuestas sin admitir réplica alguna, se ve obligada ahora a reconocer que ya no tiene ninguna certeza. Ella y sus hijos han vuelto a este mundo desnudos de cualquier creencia, arrojados a él con las únicas armas de la razón, es decir, del dolor. Sin consuelo.

Estas son algunas de las cosas que, leídas en los guiones de Amenábar, me llevaron a querer convertirlas en películas. Películas en las que, dicho sea una vez más, cualquiera de mis posibles expectativas se ha visto multiplicada exponencialmente por la inteligencia y la sensibilidad de Alejandro.

Con todo el orgullo de que soy capaz, afirmo que era imposible, desde el punto de vista del productor, hacer más o hacerlo mejor, para que Alejandro alcanzase el lugar que ahora ocupa en el cine. Pero con la misma rotundidad digo que cualquier productor que hubiera tenido la oportunidad de hacer lo que yo he hecho para facilitar el trabajo de Amenábar y no lo hubiera hecho habría sido un mal productor. Lo mío no tiene, pues, mérito. Hice, Alejandro mediante, lo que tenía que hacer.

Con él he aprendido en cursos intensivos varias asignaturas: narración cinematográfica, autoexigencia y exigencia, talante, osadía. Creo que hemos compartido un territorio común: el de la ética, y que puedo haberle enseñado algo de lo que me gustaría interpretar por mi parte como sentido común. Tampoco he pretendido más.

No es frecuente, yo diría que incluso es muy raro, encontrar a alguien de la generación de Alejandro con preocupaciones éticas en uno de los primeros puestos de su escala de valores. Ni siquiera con semejante escala. Y aún más, que se haya planteado alguna vez que tal cosa pueda existir o valga para algo. Alejandro tiene esa escala y la maneja. Como un arquitecto o como un albañil que construye algo en lo que cree y que estima valioso. Yo se lo agradezco como espectador. Se lo agradecen mi inteligencia —nunca despreciada en sus películas— y mi confianza en un reducto, espero que irreductible, de seres humanos que siguen creyendo que aún cabe la posibilidad de elección entre hacer las cosas bien y hacerlas mal, y entre hacer cosas buenas y cosas malas.

Nos une, estoy seguro, un respeto franco y la amistad. Y contamos con una disponibilidad mutua de primera y de última instancia. Para mí, una bendición.

Estoy deseando ver lo que ha hecho en *Mientras dure la guerra*. Lo tuve sentado a mi lado, en la sala de la Academia de Cine, en un visionado de *Tiempo después*, y cuando acabó la proyección se inclinó hacia mí y me dijo: «¡Qué película has hecho, José Luis!». Y yo le respondí: «Pero si este cine no tiene nada que ver con el tuyo», a lo que me contestó: «No, ni falta que hace».

LOS ANIMALES MÁS FRÁGILES DE LA CREACIÓN

Las actrices y los actores son los animales más frágiles de la creación. Los pececillos minúsculos, los seres microscópicos, ciegos, transparentes, que viven en las profundidades de los océanos no son más frágiles que ellos. A estos los acorazan la oscuridad y el silencio, son inaccesibles. Mientras que las actrices y los actores están, de oficio, expuestos a la luz, visibles como un faro, singularmente opacos —se trata de que se les vea, no de que se transparenten—. La mirada de la espectadora y del espectador ha de fijarse en ellos, quedar magnetizada por su presencia, por sus gestos, por sus movimientos, si es posible. También tiene que oírseles hasta en la última fila del teatro romano de Mérida, pongo por caso. Y la suma de todo esto los hace tan accesibles que quienes los ven y oyen los sienten próximos, como de la familia, y hasta les atribuyen, confundiendo personaje y persona, las mismas cualidades que caracterizan al último papel representado. Esta exposición al público, con ser molesta en algunas ocasiones, es también gratificante, indica a las claras que lo que uno —actriz o actor— ha hecho ha llegado con eficacia comunicativa a su destinatario. Lo malo, lo peor es el camino que se ha de andar desde lo que uno —actor, actriz— es hasta lo que uno —actriz, actor— representa. La capa espesa que se sobrepone al cuerpo de uno al actuar y a las ideas, sentimientos, vicios, virtudes, costumbres, anhelos, manías, ignorancias, genialidades que el cuerpo de cada cual —actriz, actor— encierra. Esa capa espesa es de mayor o menor grosor y sustancia según el método interpretativo, las peculiaridades físicas del cuerpo, la cara, los ojos o los labios, la ética, la voz, la sensibilidad, el talento, la capacidad analítica de quien actúa. Y es sobre la que incide de una manera más o menos determinante el manoseo moldeador de quien dirige. Directores hay también, todo hay que decirlo, que no se conforman con la mentada capa y osan acceder al núcleo duro de quienes en el reparto caen en sus manos. Estos no atascan a la hora de emitir indicaciones, sugerencias, ¿órdenes? y solicitan de sus actrices y actores que, más allá de la capa que por contrato y oficio deben poner a su disposición, buceen en sus propias vidas y en sus almas mismas para conseguir —añado yo que cuanto más doloroso sea el parto, mejor— el resultado apetecido. Creen extraer así hondura desde lo hondo, verdad desde lo que fluye por las venas y se modifica en los intestinos de la actriz o el actor.

Lo dudo yo. No lo hago nunca. Me da vergüenza y, además, estoy convencido de que no vale la pena —léase lo de «valer la pena» en el sentido literal—. Me da vergüenza porque, ¿quién soy yo para meterme en semejantes intimidades de glóbulos sanguíneos o masa fecal? ¿Cómo puedo sugerir a un actor que para mejor cabrearse se imagine que su novia solícita ruega a voz en grito en el andén de la línea dos del metro de Madrid en hora punta al mejor amigo de él una penetración anal perentoria y que la respuesta de la multitud presente es entusiasta y va desde quienes aconsejan al muchacho que se ponga a la faena allí mismo hasta quienes se prestan desinteresadamente a ceder a la pareja su cama de matrimonio, aprovechando que su hogar está a dos manzanas de aquel punto, en la acera de los impares?

Bastante tienen las actrices y los actores con mantener en buen uso la capa exigible por contrato. Y en la ineludible manipulación de esa adherencia por parte de las directoras y directores es donde reside sustancialmente la fragilidad de actrices y actores. Imagínese cada cual de quienes —se supone— excretamos arte, cuál no sería nuestra zozobra si al menor gesto, a la primera pincelada con que embadurnamos un lienzo, a las tres primeras palabras del primer verso, o al garabatear tres compases en un pentagrama, alguien, autorizado por la costumbre y por su contrato —directora o director le llaman— duda de que lo estemos haciendo bien o, lo que es peor, pide —exige ya a las malas— que se haga de otra manera. No me extraña que algunas veces —porque ese director, qué le vamos a hacer, no nos merece el menor respeto, porque sus maneras de toquetear la capa son de carnicero con prisas más que de cirujano laparoscópico o partera socrática— la actriz, el actor sienta que le están tocando donde no deben y que la capa esta no es más que pura castración. De donde no es extraño que, capado uno contra su voluntad, sienta la necesidad compensatoria de lucir paquete o ego —que en este mundo de hoy parece lo mismo— y se haga bueno el chiste del encuentro de dos actores en el que uno le dice al otro: «Te vi ayer en el metro. Nuestros trenes se cruzaron en pleno túnel». «Y ¿qué tal estuve?», responde el otro, sinceramente ilusionado a la espera de una muy positiva valoración.

COMO ALCALDE nuestro que era, y consciente de que nos debía una explicación, que, por otra parte, siempre estuvo dispuesto a dar, don José Isbert se asomó durante décadas a los balcones —luz de todos los cines de la oscurísima España cañí— a refunfuñar a sus anchas.

La refunfuñadura de Isbert apuntaba casi siempre a explicar lo que todo dios sabía inexplicable; o, lo que es peor, a lo que, explicado, no explicaba nada porque, hay que recordarlo siempre, vivíamos tiempos de criminal sinrazón. Se agazapaba por entonces el ser en la biología, en la zoología o, como mucho, en el «vaya usted a saber, amigo mío» y en el «esto no puede ser, qué barbaridad, Jesús, María y José». En el sobrevivir, en definitiva y por decir algo, ya que aquello siempre fue más que otra cosa un subvivir en toperas físicas y mentales. Esto, que era lo que pasaba en la casa de cada uno, en las oficinas del catastro, en los seminarios diocesanos, en las filas prietas de la Falange, en los fielatos y entre los meros personajes de película, influía lo suyo en la actividad actoral, como se dice hoy. Para el Glorioso Movimiento —ingenuamente pensaba yo a veces que así se denominaba a la perfección a cierta actividad sexual— todos éramos secundarios y los secundarios de verdad, los del cine, defendían por los sótanos de los guiones sus diálogos y actitudes con vehemencia de hambrientos. Tal práctica resultó ser, vista hoy, la única trabazón con la realidad de aquellas historias estúpidas sin remedio.

Isbert llegaba al cine desde la cumbre de la tradición sainetera y los bálsamos del sainete caían como agua de mayo, hablo de los años cuarenta, sobre un humillado y maltrecho pueblo que acababa de perder una guerra.

Isbert encarnó con dignidades idénticas la del ofendido y la del tramposo. Y para ello hizo siempre uso de económicas y magistrales armas interpretativas: en el primer caso, apepinaba más la cabeza hacia arriba, intentaba corregir la caída ganchuda de su nariz con mohín de damisela ofendida, manoteaba como si ovillara el aire a la altura de sus tetillas y apretaba el culo para andar lo más tieso posible. Si trampeante, apepinaba hacia abajo el cabezón, extendía las orejas para atrás como perrillo receloso, dejaba caer los brazos a lo largo de aquel cuerpo que tenía con forma de barrilete, ablandaba las rodillas para que aligerasen su, más que andar, rodar levitante, y se alejaba así lo antes posible del lugar de la culpa. En ambos casos su voz afónica al borde de la inexistencia emitía onomatopeyas de expresividad suprema y asfixias acongojantes que movían a ternura y acercamiento al espectador más calloso. Muchas veces parecía que las palabras se le quebraban en los intersticios dentales o en el borde de la dentadura con resultado de merma en la inteligibilidad de la letra y ganancia en la comprensión del personaje. Y otras, sin abrir la boca, llegaba a cumbres de abatimiento curvando en paralelo las comisuras de sus labios y una, yo creo que calculada geométricamente, caída de hombros.

Pero también sabía llevar al brillo del lagrimal de sus ojos el penúltimo fulgor de la pasión venérea. Se dice que, durante los rodajes, no desperdiciaba ocasión de, atrincherado en su estatuto de vejete, lanzar pellizquitos lúbricos a los traseros que se le cruzaban por aquellos platós imperiales. Con semejantes recuerdos en la mollera o por técnica aprendida, Isbert sacaba a su gesto cuando lo exigía la situación argumental una picardía y un rijo muy apropiados. Su cara de pez, gracias en estos casos a la labor suplementaria de un achinamiento forzado de sus ojos, una oclusión apenas perceptible de las aletas de su nariz y un entornar los labios como quien los prepara para recibir cualquier placentero sabor, se convertía en esos momentos en la cara de un viejo pez de sangre caliente.

Pepe Isbert hizo curas. Un san Dimas falso, que no quería que en el paso procesional le pusieran de adorno una palmera: «La palmera, no. Que pincha». Un verdugo retirado, que comprende con sarcasmo la repugnancia de su yerno cuando, al estrenarse en el oficio, afirma que nunca más lo ejercerá: «Eso mismo dije yo la primera vez». Un millonario académico que dicta a su secretaria —su hija María Isbert— un estudio con las pruebas irrefutables de que «el oso no mató a don Favila». Un sacristán, un capitán de barco, un detective, un abuelo despechado que da en asesino múltiple, el alcalde que debe una explicación y quiere una fuente con chorrito...

De la estirpe de los Michel Simon, Wallace Beery, Totò, Walter Brennan —que ofrecía a los directores trabajar «con o sin». «Con o sin ¿qué?», le preguntaban. «Dientes», respondía él—. De la fratría de Manolo Morán, Antonio Riquelme, José Luis Ozores, Guadalupe Muñoz Sampedro y otro puñado de glorias de nuestro cine, Pepe Isbert encarnó durante décadas la veta más fértil de lo que este produjo.

A la hora de elegir sus intervenciones en las películas primaron sobre todo las posibilidades que él viera de acomodación al papel que le ofrecían y así, alcanzado ya, y no sin esfuerzo y méritos, el coprotagonismo en muchos repartos y el protagonismo en unos pocos, no desdeñó secundarios y hasta apariciones fugacísimas de una o dos frases.

«El cine, en general, es una mezcla de arte e industria, pero el cine español es una mezcla de arte y falta de dinero», decía.

«Para pasar del teatro al cine hay que aprender cuatro o cinco cosas sencillas: 1. Tener en cuenta la proximidad de la cámara para acentuar más o menos el gesto. 2. No levantar las manos al hablar cuando el encuadre nos corta por encima de los codos».

«Es muy conveniente olvidar los éxitos del teatro y preocuparse por la técnica del cine. Sin técnica no hay actor, y sin actor no hay película», aconsejaba utilitariamente a los que pasaban del escenario al plató.

Y, por último, afirmaba —y uno ve a Charlot al final de sus películas—: «Lo único que me hace gracia es verme andar de espaldas».

Y ahí va, de espaldas ya, Pepe Isbert.

Landa era animal. De la siempre posible división entre animal, vegetal o mineral, que caracteriza como predominante a actores, ingenieros aeronáuticos, directores de cine o arzobispos, Alfredo Landa era animal de sangre caliente. Ha habido, hay, buenos actores vegetales, florero, vistosísimos, de gran alcance. Y actrices, muchas. Alguno ha habido mineral. Los grandes americanos, por ejemplo. A estos, de vez en cuando, en cada una de sus películas, se les iba la esfinge hacia los adentros y conmovían mucho, por contraste, por medir bien y muy profesionalmente el gesto, por lo que se les venía a los ojos de repente o por la cadencia con que inclinaban la cabeza cuando uno no se lo esperaba. Eran grandes. Minerales dignos de admiración.

Alfredo Landa era también animal de la raza de los Walter Brennan, Michel Simon, don José Isbert... Isbert le dijo a Landa encima de un escenario: «Una vez que estés aquí arriba no dejes que te bajen nunca». Y Landa fue un esforzado. Se ganó gesto a mueca, susurro a grito, llanto a risa, su lugar —¿lo ha habido más alto?— ante los ojos embrujados de sus espectadores.

«¿A que soy el actor que mejor come y habla al mismo tiempo?», me decía durante el rodaje de *La marrana*, mientras se zampaba lo que argumentalmente se suponía que era una rata, con tanto cuidado que nunca se superponía a letra sibilante, fricativa o palatina alguna el crujido quebrado de un huesecito del animal. Y es que, con astucia de roedor o a dentelladas de tigre —¿cómo si no defiende uno su plaza en un encuadre multitudinario de Berlanga?—, Alfredo sabía no perder la cara al miura ese que se llama patio de butacas.

Se acusaba a Landa con estupidez insultante —¿no se tiene que ajustar la música a la letra?— de interpretar españoladas con mucho ahínco, cuando lo que se le ofrecía eran letras bien españolonas. Defendía entonces él su tesón con la sangre caliente que le era propia. Sangre caliente que, inevitablemente —el calor es muy expansivo—, invadía cualquier ámbito de su vida: sus afectos tiernísimos y sus cabreos monumentales.

Una de las frases más citadas por mí del señor Landa es esa que predica que «Entre tocar la trompeta y quedarse *callao*, siempre hay un término medio»; pero a él parece que le gustaba, de tarde en tarde, pegar el trompetazo y, por si no bastara, la campanada.

Seguro que tenía sus razones y, bajo esa presunción, yo estoy con él.

Por la razón que sea, y alguna tiene que haber porque yo soy un racionalista irredento, La Verdú —así, como las grandes— hace siempre el mejor gesto para expresar lo que hay que expresar según dictan el guion y la directora o el director que le ha puesto Dios enfrente. Las veces que no lo hace es porque el guion está mal escrito o la directora o el director están atontados. En ese caso los que se equivocan son el guionista, la guionista, la directora, el director o Dios que los ha elegido fatal, como hizo con Adán y Eva. Ello convierte a La Verdú en la segunda mejor actriz del mundo. Al darse cuenta de que esto es así, le están dando de golpe todos los premios que le debían.

Ya era hora. Porque La Verdú sabe pasmarse, arrepentirse, descacharrarse de risa, poner cachondos al primer actor y al figurante transeúnte —y a los de sonido, y a uno de producción—, fruncir el ceño, encampanarse, correr a pasitos cortitos, saltar los charcos, mirar a una Virgen en un altar —¿qué pensará La Verdú de las vírgenes? —, sabe mirar con altanería, con odio, con benevolencia, y besar despachurrando los labios, acusar las heridas de fuera, sentir las heridas de dentro, no entender nada de lo que está pasando, ni por qué, ni para qué —todo ello si lo manda el guion—. Lee mucho. Entiende lo que lee. Es hermosa y buena.

Así que se puede afirmar que es la segunda mejor actriz del mundo. Yo no sé quién es la primera. Puede que ni siquiera la haya; pero no sería honrado no prever esa posibilidad. Y espero que esto no humille a La Verdú. Por si acaso: «Oye, Maribel, que un segundo puesto —incluyendo a las americanas de toda la vida y a las coreanas, que ganan todos los festivales ahora— es un segundo puesto. No te quejes. Yo soy el número cincuenta y nueve entre los directores del mundo y estoy tan contento.

Conocí a Fernando Rey el mismo día que a Jesús Gil, el que fuera presidente del Atlético de Madrid y alcalde de Marbella, como títulos más lustrosos. Fue en su palco presidencial —caoba de suelo a techo—, durante un partido de liga, y me llevó hasta allí el jefe de prensa del Club. Durante la pugna futbolística aparecía de vez en cuando algún pretendiente que, por gestos y actitudes —lomo doblado—, acudía a solicitar algún favor. Con Jesús Gil no volví a tener ningún encuentro ni desencuentro. Pero no he olvidado el humillado desfile de solicitantes.

Con Fernando Rey empezó poco después una relación profesional llena de complicidades. Eduardo Ducay decidió poner en mis manos la dirección de *El bosque animado*. Y yo en las de don Fernando Rey el papel del señor D'Abondo.

Fernando Rey encarnó en el cine y el teatro español personajes de porte señorial, voz sinfónica y barbas benefactoras, que redibujan sus mofletes de satisfecho *bon vivant*. Era un meticulosísimo preparador, ensayador y calculador de sus movimientos al desplazarse durante la actuación: medía sus pasos, visitaba con anterioridad los parajes donde rodaría y seleccionaba y se apropiaba de objetos y adminículos que hacía suyos y solicitaba que se le facilitasen cuando la actuación lo aconsejaba. Especial cariño y apego sintió durante todo el rodaje por una vara. Una vara de poco más de un metro que cimbreaba al aire, blandida como un florete y silbando agudo o grave según la fuerza que la impulsara. Nunca le faltó su vara. Su agarradero. Su ayuda. La longitud y grosor de esa vara determinaban la anchura y profundidad de la *corredoira* por la que se andaría y la facilidad o dificultad que encontraría el actor para darle cuerpo y alma al señor D'Abondo.

Me hubiera sentido muy orgulloso de haber heredado aquella vara. Alguien más listo que yo se la quedaría.

NO HAY LUZ VERDADERA SIN CLAROSCUROS

Trabajar como guionista en la adaptación de *La educación de un hada* fue apasionante desde el punto de vista técnico: la estructura binaria de la novela —un capítulo narrado en primera persona por Nicolás, el siguiente por Sezar y así secuencialmente— tiene una apariencia razonablemente cartesiana, pero es engañosa. Dentro de cada uno de esos capítulos son constantes los saltos adelante y atrás en sus respectivas historias o en la historia común de Sezar y Nicolás cuando se cruzan la de uno y otro. La lógica irracional y anacrónica de los sentimientos de los personajes —que son los materiales que más le interesan a Van Cauwelaert— le permite al autor recurrir a esta forma narrativa con enorme provecho, haciendo que aflore en cada momento la anécdota, la sensación, el recuerdo, la sospecha, el deseo o, en resumen, la idea o el sentimiento que le resulte más expresivo para comunicar al lector las vidas de Nicolás, de Sezar, de Ingrid, de Raúl... Personajes todos ellos que traen a la historia que les une heridas abiertas. Lo que hacía también apasionante la adaptación desde el punto de vista dramático. La realización de la película tendría que explicitar de la manera más visible que se pudiera, pero sin restar complejidad, ese anudamiento de sentimientos, manifiestos, latentes o irreconocibles por sus propios poseedores, que amalgaman sus vidas.

Un paisaje otoñal en una zona de poderosísima lujuria vegetal de Cataluña, que potencie la sensualidad desbordante que ha de catalizar las vivencias de Ingrid, Sezar y Nicolás, con sus momentos de florecimiento y sus momentos de podredumbre —fertilizante—, sirve de patria de esta historia de expatriados —personajes franceses, argentinos, de Argelia, españoles, belgas— o en busca de un lugar en el mundo, como Raúl.

¿Qué piensan Nicolás, Ingrid, Sezar y Raúl? ¿Qué sienten? ¿Saben por qué piensan lo que piensan y sienten lo que sienten? ¿He enseñado yo eso con la cámara, con la música, con el texto, al dirigir a los actores?

Hay que mirar a los ojos de Ricardo Darín. Detrás de su cristalino hay ternura, dolor, miedo, fiebre infantil, angustia inquisitiva.

Hay que mirar los brazos de Víctor. Se abrazan al cuello de los que quiere, a los árboles que sirven de antenas para convocar a las hadas, a un clavo ardiendo.

Las ascuas de Bebe en su cara, pero también en sus rodillas, en la yema de sus dedos y hasta en los dientes se avivan a cada palo que recibe en las costillas, en la inteligencia o en el miocardio. Y la barbilla de Ingrid actúa como plomada de su zozobra sentimental, vital.

La educación de las hadas se estrenó coincidiendo con el Campeonato Mundial de Fútbol de 2006. El fútbol será mundial, pero sin prejuzgar sus efectos positivos o negativos, más mundial es el amor.

Los girasoles ciegos es el único libro publicado de Alberto Méndez y en su momento obtuvo el Premio Nacional de Literatura y el

Premio de la Crítica. Los dos le fueron concedidos cuando Alberto acababa de morir.

Conocí a Alberto Méndez a finales de los sesenta, principios de los setenta. Fraga Iribarne había cerrado su editorial Ciencia Nueva y yo acababa de abandonar los estudios de Derecho. Coincidimos en el ámbito de los programas culturales de Televisión Española y en la clandestinidad del Partido Comunista. Poco después, yo dejé la Televisión para dedicarme al cine y él volvió a la vida editorial. Mientras, en silencio, fue escribiendo las narraciones que componen *Los girasoles ciegos*.

La calidad literaria de los cuatro cuentos que integran el libro, el terso dramatismo de sus narraciones, la proximidad temblorosa y llena de pudor con que Alberto Méndez se acerca a sus personajes —todos heridos—, la altura poética de su escritura, aúpan al éxito la obra y la colocan en la primera fila de cuantas se han nutrido del magma de nuestra guerra civil y sus aledaños cronológicos. Las cuatro pueden leerse como cuentos aislados o penetrando en los pasadizos subterráneos que las comunican y recorren.

Me enteré de la aparición del libro por Josefina Molina. Le había gustado mucho y pensó inmediatamente que yo debería hacer una adaptación para el cine. Tardé en leerlo. Quizás porque no me gusta leer novelas pensando en posibles adaptaciones. Las leo para disfrutar de la lectura sin perspectivas vicarias. Y cuando la leí tampoco vi nada fácil convertirla en película.

Cuando otros amigos insistieron en que yo debía rodar *Los girasoles ciegos* —animados seguramente por mi versión de *La lengua de las mariposas*—, empecé a estudiar esa posibilidad. Los personajes eran de un dramatismo apabullante y las peripecias que les deparaba la vida —que se adivinaba real por debajo de las letras de la narración— asfixiantes, fatales, sin salida. Me apeteció meter las manos en esa masa compleja, áspera, iluminadora de tantas oscuridades de nuestra historia más reciente y aun del hoy en día.

La oferta, esta vez amistosa y profesional de que así lo hiciese, vino definitivamente —igual que en el caso de *La lengua de las mariposas*— por parte del productor Fernando Bovaira.

Metidos en faena, Rafael Azcona y yo decidimos en primer lugar trasladar los hechos narrados a Galicia por tres razones. Una, el que la sublevación militar triunfara rápida y sangrientamente en sus cuatro provincias no solo no impidió la existencia de «topos» —quienes se escondieron durante años y hasta décadas de la represión franquista—, sino que hizo más dramática y prolongada su supervivencia. Dos, necesitábamos casas y calles de los años cuarenta y en Madrid, lugar en el que Alberto Méndez sitúa las acciones, son hoy inencontrables. Y tres, las fachadas pétreas —entre cincuenta y ochenta centímetros de espesor en sus paredes— de las viviendas gallegas servían tanto para marcar el sigiloso secreto de su interior y la falsa apariencia de solidez como para remarcar la fragilidad, desarticulación y zozobra de las vidas que se contienen en esta historia.

Decisión igualmente determinante fue la de primar el argumento de la cuarta narración con respecto a las otras, por ser la que acumula personajes más poliédricos, de un mayor recorrido dramático, más complejos y más reconocibles para el espectador: una familia de clase media cuyos componentes acumulan a la obligación de mentir en el exterior de la casa la amargura de convivir entre sentimientos de culpa, de impotencia, de insatisfacción, de abandono. Sin acceso a la vida.

Entendería que quien ha escrito esas historias con la maestría que las ha escrito echase de menos algunas de las tramas que él recoge y que Azcona y yo tuvimos que desechar para no entrar en derivas que no podíamos desarrollar congruentemente y sujetos al metraje de una película y, por otro lado, la estructura narrativa que él manejó en la última historia —a varias voces— y su forma de escribir —estupenda— tan literaria, para entendernos, no tienen en mis manos una transcripción cinematográfica equivalente. Insisto que creo haber reflejado los personajes y sus historias, un clima, un mundo, las heridas mortales de aquellos y las trampas mortales de este. Los lectores del libro que no acepten esa manera de adaptarlo echarán de menos cosas; otros pueden agradecer el dramático *crescendo* imparable que aboca en la tragedia o algunas de las caras añadidas a los poliédricos personajes.

Recurrir a una narración lineal y a unos diálogos realistas fue otra opción tan arriesgada como meditada por nosotros. Imposible mantener la literalidad poética de las cartas entre el diácono y el rector sin caer en una pedantería insoportable en términos cinematográficos. Lo que en la literatura de Méndez es perfecto, evocativo, percutiente, en *off* o en boca de los actores sería falsamente «poético», patológicamente «artístico», ridículo a veces. ¿Cómo podría mantenerse sin sonrojo un diálogo del tipo —cito de memoria—: «Mi sangre colaboró a convertir un monte quemado en monte de exterminio» en boca del diácono que confiesa al rector su participación en pelotones de fusilamiento?

Conservar la estructura epistolar y la rememorativa de los dos puntos de vista desde los que está escrita esta cuarta historia del libro evidenciaría tanto y tan repetidamente una estructura llamativa para el espectador que desviaría su atención hacia el andamiaje narrativo con detrimento de la comunicación entre personajes-personas y personas-espectadores.

Abomino los personajes-pretexto, los personajes-idea y abomino más todavía las películas hechas por los directores para que, *prima facie*, se vea que allí hay un director dirigiendo. Esta manera de trabajar en busca de la originalidad formal, de lo nunca visto, me parece una patética e involuntaria, por supuesto, confesión de impotencia, de falta de músculo narrativo, de ausencia de tendones a la hora de articular una historia. El director que prefiera que se le vea a él antes de que se vea en las pantallas transparentemente a las personas que expresan sus personajes, haría mejor proyectando el *making of*, ese documentalito que muestra el rodaje y donde se ve trabajar al equipo, cómo se dirige a los actores, cómo se encuadra o cómo se zampan los bocadillos. Ahí sí que puede lucirse un director.

Todos los hechos que se narran en *Los girasoles ciegos* están, como poco, profundamente calificados y, en su mayor parte, determinados, por la inhumana represión franquista que siguió a la contienda civil. La represión, una segunda guerra más sucia, más vil y más impune, ya que el enemigo estaba inerme, fue, aparte de maquinaria terrible en manos del Estado, vehículo utilísimo para cualquier bajeza que anidase en los vencedores: ambiciones sin barrera, ejercicio sádico del poder —de los poderes—, vesania, apetencias sexuales...

Tenía a huevo la posibilidad de contar algo que ocurrió en Albacete en la posguerra y no lo conté. Allí había un prostíbulo, en la Plaza Mayor, donde después de la guerra iban falangistas uniformados, con su camisa azul, pantalón gris, cinturón de cuero, hebilla de hierro, que se dedicaban a hacerles la vida imposible a las putas. Ellas tenían un canario en una jaula y uno de aquellos falangistas una noche lo sacó de la jaula y le arrancó la cabeza de un bocado. Ellas, que habían aguantado todo tipo de vejaciones, no lo soportaron y salieron detrás de los falangistas con navajas albaceteñas para acuchillarlos.

La jerarquía eclesiástica, de los obispos al papa, que convirtió el levantamiento militar en una cruzada y mantuvo bajo palio al dictador sin rubor alguno, impuso a su vez una educación de niños y jóvenes en el terror, la humillación y la servidumbre.

Los girasoles ciegos película se basa, pero no abarca ni retrata, porque sería pretencioso y pueril intentar hacerlo, en *Los girasoles ciegos* libro. Eso sí, embarcados muchos de sus personajes en un vehículo estrictamente cinematográfico, que se detiene en las mismas estaciones y cuyo viaje transcurre por camino paralelo, quisiera haber llegado a un mismo punto final con el mismo sentido ético y con la misma autoexigencia artística.

Casi siempre escribo los guiones pensando en actrices y actores determinados —pensando en el timbre de sus voces, en su manera habitual de moverse...—, pero unas veces no pueden o no quieren hacerlos y otras la elección de uno nuevo, y su aceptación, obliga a cambiar a otros. No todas las parejas funcionan igual sean de amantes o de antagonistas, y hay que adecuarlas en el reparto o cambiar cosas del guion.

Cuando terminé el montaje me quedé pegado a los personajes, a los matices que los actores añadían a aquellos seres agónicos, cegados, aniquilados, que mentían para sobrevivir y que sobrevivían sin posibilidad alguna de vivir. Vegetan, se emponzoñan. Mienten a los demás —sin remedio— y se mienten a sí mismos —el paradigma es el diácono—.

Como decía, en Madrid ya no hay quien ruede exteriores de los años cuarenta. Ya sufrí la experiencia en *La viuda del capitán Estrada*. Las pasé canutas. El casco antiguo de las ciudades gallegas sigue siendo una joya. El de Ourense —sus soportales, sus placitas— me facilitaba mucho los claroscuros que yo quería para la película, y varios rincones de la provincia eran magníficos: los claustros del colegio o del seminario —monasterios de Montederramo y de San Clodio—, los bosques de A Peroxa, el río Avia en Leiro... A eso hay que añadir, no voy a engañar a nadie, que tengo casa en Ourense y amigos que son como mi familia. Calidad de vida durante el rodaje.

Los decenios de dictadura son un triste pasado. Ganada la guerra, los vencedores siguieron matando en una labor de exterminio abominable. Terminadas las matanzas a borbotones siguió el goteo durante años y años. Era el terror como proceso de maceración de un pueblo. Se asfixiaba cualquier respiro con la bendición de la Iglesia, de unas leyes abyectas y a punta de bayoneta cuando se creía útil. No me extraña que la derecha no quiera ni oír hablar de aquello. Son de la misma idea que aquellos que entonces tampoco dejaban hablar. Lo suyo era amordazar, predicar y pregonar. Hasta los sentimientos eran susurrantes. Solo se gritaba en los púlpitos, en los cuarteles y en los colegios. Los charlatanes también voceaban; pero era para publicitar mercancías más digeribles.

DURANTE DÉCADAS, un cine —la sala con patio de butacas, entresuelo y «gallinero»— fue un aula. Y las películas históricas, psicológicas, musicales, etc., que se proyectaban en esas salas, las asignaturas que, con los años, íbamos aprobando. La oscuridad de los cines servía, además, de refugio para intentar, para conseguir quizás, tactos sabrosos en las asediadas carnes de nuestras compañeras de butacas. Y las linternas acusadoras de los acomodadores clausuraban el festín como palmetazo de maestro en mano punible. Oscuridad de aquellos años, *magistra vitae.*

Ya se sabe que, en cuanto pueden, los poderes todos utilizan —como lo hacen con la letra impresa o con las ondas de radio co(o)peradoras— la capacidad de penetración de imágenes y sonidos amalgamados para dar lecciones, para vender productos, para invadir conciencias. La emoción que produce en los espectadores lo que ven y oyen en una pantalla gigantesca, enmarcada por la negrura —de la que ellos forman parte—, y calientes en invierno y fresquitos en verano, solo es comparable al paso de una apisonadora sobre una babosa.

Singularmente Hitler, Stalin, Franco, Mussolini, y el Pentágono y la Iglesia, a través de sus historias —por citar algunos espantapájaros sangrientos, asesinos omnipotentes, calibraron a la perfección la capacidad invasora del cinematógrafo en las oquedades anímicas de las masas, sorprendidas, para mayor eficacia, en sus relajados momentos de ocio. Al abrigo de insultantes doctrinas, presentadas siempre como salvadoras, montaron colosales aparatos de propaganda cinematográfica para macerar a la población, apabullar a los descreídos y adoctrinar a párvulos y jóvenes como complemento nutritivo de la infección doctrinaria proveniente de las aulas.

Durante su mandato y en sus respectivos dominios es obvio que nada se pudo hacer desde el cine para contrarrestar sus efectos. En Estados Unidos consigue hacerlo Jean Renoir con su austera y eficaz *Esta tierra es mía* y, muertos los dictadores, algunos directores europeos realizan, al reflexionar sobre tales adoctrinamientos, la cultura que generan y los personajes que los sufren, emocionantes obras maestras o películas de enorme dignidad y alto valor terapéutico. Así lo hacen en Francia Malle —con *Au revoir les enfants*—; en Italia, De Sica —con *I bambini ci guardano*—, Mattoli —*A las nueve, lección de química*— y Fellini —con *Amarcord*—, y en España, José María Carreño —con *Ovejas negras*—, José María Gutiérrez —con *¡Arriba Hazaña!*—, Manuel Summers —con *Del rosa al amarillo*—, Carlos Saura —con *La prima Angélica* y *Pajarico*—, Manuel Gutiérrez Aragón —con *Demonios en el jardín*— y Víctor Erice —con *El espíritu de la colmena*—.

La Iglesia, por centrarnos ahora en la sociedad anónima de mayor rentabilidad a través de los siglos y en la máquina adoctrinadora de mayor potencia, tuvo siempre una confianza monumental en las imágenes. Los grandes movimientos artísticos desde el bizantino y el prerrománico hasta el barroco —sin dejar de frecuentar en mayor o menor medida y gusto los estilos posteriores— tuvieron en el papado y en los obispos, abades y priores mecenas entusiastas, en competencia con príncipes y nobles. También la música, que con tanto arte masajea el corazón, la corteza suprarrenal y el bulbo raquídeo de quienes la escuchamos, interesó a los eclesiásticos. La aparición del cine —imagen y sonido al mismo precio, plasmados en celuloide de multicopia infinita— fue, para los intereses difusores y adoctrinadores de la Iglesia, miel sobre hojuelas.

Pío XII, el papa coetáneo de mi infancia, al que recuerdo en foto hiperpublicitada con un gorrioncillo posado en el dedo índice de su mano diestra y que aseguró pimpante que la España victoriosa de Franco había salvado al mundo y puso al dictador sangriento bajo palio, intentó por todos los medios instrumentalizar el cine para difundir *urbi et orbe* las ocurrencias morales, teológicas, históricas, psicológicas —o matemáticas si se tercia— de la Iglesia, ya que la sabiduría eclesiástica no solo no tiene límites, sino, como sabemos todos, lleva razón siempre, posee la verdad absoluta. Tan preciado tesoro merece la mayor difusión y no puede quedar al arbitrio de bienintencionados párrocos, que, a veces, —qué le vamos a hacer— son tartajas de entendederas y de sermón raquítico o de frailes y hermanos que hacen lo que pueden en las aulas, pero sin el brillo y capacidad de percusión de una pantalla.

Y para difundir sus prédicas fantásticas y aterradoras, los hombres de la facción española de la Iglesia no se conformaron con los centenares de colegios donde enseñarlas, sino que, después de una etapa repudiadora del cine como propagandista del pecado —la lujuria sobre todo—, descubrieron que aquello tenía remedio por una doble vía: leña al mono sexual y asalto a los guiones, a las productoras y a las almas cándidas que, de entre sus militantes, recalaban en el cine a pesar de la naturaleza cenagosa del mismo. La leña se daba desde el púlpito —hay que oír lo que curas apopléjicos dijeron sobre la *Anna* de Silvana Mangano y su bayón, «el nuevo compás»—, y por medio de la «Calificación moral de espectáculos», lista de películas y obras teatrales que se clavaba semanalmente en las puertas de las parroquias para que sirviera de guía a los feligreses espectadores. La calificación iba desde el «1. Para todos los públicos» hasta el «3. Para mayores» y, en escala ascendente hacia el infierno, al «3R. Mayores con reparos» y hasta un «4. Gravemente peligrosa», que no debía ver ningún católico, ya que hacerlo era pecado mortal. El asalto a la producción se produjo creando empresas especializadas en cine religioso como alguna del Opus Dei, fundada tardíamente con una mezcla de candidez, a la espera de afluencia masiva de católicos fervorosos para ver sus producciones, y de oportunismo económico, aprovechando el trato de favor de unos ministros de su organización pecuniaria, recién incorporados al Gobierno. Contra el éxito popular de *Nuestra Señora de Fátima* o de *Marcelino, pan y vino* poco pudo hacer *Los jueves, milagro,* con la que Berlanga venía a compensar tanta melaza espiritual. Directores hubo, entonces, muy católicos que, pasada la fiebre religioso-patriótica, y metidos en los tiempos laxos de la transición, dirigían sus secuencias subidillas de tono —uno se hizo famoso entre los equipos de rodaje porque animaba a sus intérpretes con ardor frenético, proveniente sin duda de su pretina, con gritos de «¡Mete lengua, mete lengua!», cada vez que se besaban— y al día siguiente iban a confesarse.

Desaparecidas, casi, las producciones religiosas por falta de clientela, la Iglesia española se ha parapetado junto a intereses políticos —los que siempre le interesaron, por otra parte—, para censurar, tutelar, imponer su médula moral a una sociedad, que nada de eso le ha pedido, que no la necesita y en contra de leyes y asignaturas que propugnan valores distintos y de general aplicación por su emanación democrática.

Ya no aterran —creo— desde Ejercicios Espirituales, donde amenazaban con la putrefacción de tu médula espinal si te masturbabas o con el fuego físico que, tras la resurrección de la carne, para más dolor, te consumiría durante toda la eternidad, aclarándote sádicamente, eso sí, para que tu neonata inteligencia lo entendiese en su magnitud tremenda, que si acariciaras con una pluma de ave una bola de acero tan grande como tú mismo hasta, después de siglos y siglos, desgastarla totalmente, la eternidad ni siquiera habría empezado. Ya no cuelgan carteles, como el de la piscina de Albacete, en el que, debajo del dibujo de una pareja que pasea de espaldas, enlazada por la cintura, se leía: «Prohibido sentirse eufóricos». Ya no pone, digo yo, el cura que proyectaba películas en colegios, seminarios o cines parroquiales, la mano delante del proyector cada vez que había un beso. Pero su impertinencia invasora de cuanto espíritu se les pone por delante vuelve a estar inflamada como en sus mejores tiempos.

Por eso, además de asignaturas de Educación en la Ciudadanía, yo daría gusto a obispos y reaccionarios y obligaría a estudiar en escuelas, institutos y universidades una «Verdadera y Descomunal Historia de la Iglesia Católica, Apostólica, Romana en este país de la Virgen Santísima, Madre de Dios y Madre Nuestra y en el mundo entero» con la mayor extensión y profundidad posibles. Sería, por cierto, un paso más en la vía de la recuperación de la memoria histórica y aprenderían los niños y los jóvenes cómo la Iglesia española mintió, aterró y humilló cuanta inteligencia y dignidad se le puso a tiro —con resultado de muerte muchas veces— y cómo, es que hay que joderse, quiere seguir haciéndolo. Yo me presto profesionalmente a que filminas, vídeos y cualquier material audiovisual que pueda servir de apoyo para esas clases corra por mi cuenta. Y tengo amigos que colaborarían a gusto.

Sin ir más lejos, Fernando Méndez-Leite ha puesto a mi disposición en un par de horas y sin manos, es decir, con su sola y sólida memoria —y en esto se nota también su procedencia pilarista en contraposición a la mía escolapia—, una relación ordenada por epígrafes de ochenta títulos de películas que tratan de estas cosas.

Antonio Drove dedicó sus dos prácticas de la escuela de cine a condensar con maestría la educación jesuítica, que fue la suya, y la consecuente formación de una conciencia morbosamente culpable, con *La primera comunión* y *La caza de brujas.* Conviene verlas. El propio Méndez-Leite, en *El hombre de moda,* muestra los estragos de una educación horrible por activa, por pasiva y por perifrástica. Pero el territorio educativo en escuelas y centros universitarios, en internados y en la propia convivencia familiar no tenía desperdicio. Visto el panorama internacional, ideológico, religioso y consuetudinario cabe afirmar también que en todas partes cuecen habas con las diferencias que imprima a la cocción el que el agua provenga de los pantanos inaugurados por Franco o de los grandes ríos franceses: La Loire, La Seine, La Garonne...

Las relaciones entre padres e hijos han encontrado en España dos plasmaciones equiparables a lo mejor de la cinematografía mundial con *El Sur* de Víctor Erice y *Los otros* de Alejandro Amenábar.

Cabe, por último, una pasada ligera sobre el llamado cine didáctico, del que hay que huir como de las moscas en estercolero. Cuando uno escribía con Rafael Azcona —yo lo hice en *La lengua de las mariposas* y en *Los girasoles ciegos,* dos títulos, por cierto, cuyos personajes de «el maestro» están en las antípodas el uno del otro—; cuando uno escribía con el maestro Azcona, repito, y, por la razón que sea, se escurría hacia el didactismo, Rafael recordaba inmediatamente una de las máximas de sus colegas italianos del neorrealismo: «No pongas pie a la foto», deja que la imagen se explique. Y ello, en efecto, es de obligado cumplimiento. Yo siempre le hacía caso a Azcona —les aconsejo que ustedes se lo hagan también—, porque era la persona que más sabía de todo lo que vale la pena saber algo y, lo que es más importante, el que mejor sabía sentir.

La educación ilumina los espíritus en lo hondo. El cine es sustancialmente un haz de luz en la oscuridad. No hay luz verdadera sin claroscuros. No hay más verdad que la suma de las verdades a las que van accediendo los tiempos. Y, aun a sabiendas de que la luz no cura la ceguera, hay que remar, seguir remando, entre la claridad y lo oscuro.

EN LITERATURA, los tres escritores que más me han afectado han sido Josep Pla, Pío Baroja y Álvaro Cunqueiro. El más discreto y conciso es Pla. Cuando habla de sí mismo en Madrid como un contribuyente perfectamente prescindible, creo que está expresando muy bien su posición de cronista parlamentario en aquellos años veinte y treinta.

Pío Baroja es un narrador puro, un descendiente claro de Stevenson y Dickens, que tiene un trazo menudo pero vigoroso, en el que describe con maestría a sus héroes. Su novela *El árbol de la ciencia* me parece una cumbre del arte. Somos no pocos los que hemos querido adaptar esa novela. Los personajes y las situaciones tienen una urdimbre dramática y psicológica de primera magnitud. Pero muy pocos lo intentaron porque todos sabíamos la cerrazón de su sobrino y coheredero Pío Caro, que, casi con toda seguridad, quería dirigirla él.

Cunqueiro es un hombre siempre abierto a lo fantástico, pero a un tipo de fantasía de tamaño humano. Te puede decir que habla un cuervo, pero difícilmente contará que vuela un hombre. Manuel Rivas participa de esos excursos fantásticos con los que los gallegos toman distancia de su tierra, tan hermosa como arisca, para no perecer en la braña. Pero lo que le es más propio a la literatura de Rivas es la elección de tipos y situaciones frágiles, a lo Chéjov; heridos y salvables, a los que, si ello fuera posible, la aplicación de una única medicina, la bondad de los otros, redimiría para siempre.

Mientras preparábamos *Todo es silencio* éramos conscientes de que, en el contacto con determinadas personas que manejaban determinados medios para su trabajo, estábamos tocando material sensible. Estábamos tocando asuntos en los que los que nos asesoraban nos llevaban por un camino o por otro. Decían: «No, esto no se hace así». Y sabían cómo se hacía. El título sintetiza muy bien esto. Todo esto ocurre, pero se manifiesta no manifestándose.

Hubo un pueblo donde la droga acabó con el equipo de fútbol entero. Toda una generación. Y la película trata del paso del menudeo de la droga a la industria; sigue el proceso de lo que llamamos civilización. Y ahí las pautas de conducta van cambiando. Se engrandecen o empequeñecen en relación al estado económico en el que se está en cada momento de la historia. Es un drama que, por desgracia, se ha vivido y se sigue viviendo en determinadas zonas. En Galicia está en decadencia, pero se ha hecho extensivo al resto del mapa. Como la corrupción. Es muy difícil vivir con este tipo de lacras.

Siempre hay un cínico que añade algo a «todo es silencio»: «es mejor que todo sea silencio». Vamos a engañarnos, vamos a olvidar. No es mejor, evidentemente; es más útil.

Todo tiene un precio y nos equivocamos al no dirigir el objetivo hacia el corruptor. El corrupto, en el fondo, es un explotado. No hay corruptor que no te corrompa por una cantidad que él no vaya a recibir multiplicada por cien la que corrompiéndote. Nadie te compra por un millón si no va a ganar él cien millones.

Lo que más me interesaba de esta película eran los personajes. Su actividad era una consecuencia de lo que ellos sentían y vivían de una manera peculiar. Los mecanismos del narcotráfico se circunscriben a dos o tres secuencias, pero no quería convertirla en una película de acción. Para mí, era una película de pasiones. O sea, la contrapelícula de lo que hoy se vende y se compra: un hombre, con su cuerpo y con su traje, se quita el traje, se quita la piel y lo que hay debajo es un robot. A mí, cuando se ha convertido en robot me importa tres puñetas lo que haga. Esto es todo lo contrario. Por capas que se quiten, siempre hay debajo un ser humano.

Las circunstancias nos colocan en unas situaciones en las que las respuestas son siempre difíciles y en las que la pasión invita a unas soluciones que son solo adecuadas circunstancialmente y las más inadecuadas para tomarlas como una pauta de vida.

A veces, en el cine español, tenemos que jugar con un margen de azar, porque la financiación es siempre problemática. Películas que se ruedan durante tres meses en otras latitudes aquí se ruedan en dos, excepto dos o tres directores que consiguen muchas semanas de rodaje... Pero lo que hace la meteorología en la viticultura, a veces también lo hacen imponderables en el cine, incluida la meteorología. El rodaje de *Todo es silencio* fue muy problemático porque las mareas vivas influían en lo que tenías localizado para rodar de una manera. Y tenías que cambiar por completo cómo rodarlo e incluso dónde rodarlo, porque lo previsto ya no estaba allí.

Estoy satisfecho de partes de todas mis películas y plenamente satisfecho de ninguna. Pero esta película tiene un material humano en su interior muy complejo, muy expresivo por otra parte, y que encierra muchas cosas a las que uno puede darles vueltas en la cabeza y dejar que los sentimientos te hagan cosquillitas más abajo de la cabeza. No es mal asunto.

En España tenemos el cine que nos corresponde. En términos estadísticos tenemos las mismas películas buenas, malas y regulares que Francia, Italia, Alemania, Islandia o... hasta Estados Unidos. Si aquí hacemos cien películas al año y en Estados Unidos hacen mil, nosotros cumplimos si ellos hacen diez buenas y nosotros una. Prácticamente, hay una española buena todos los años. Yo hay años que no veo diez americanas buenas. Si la primera película española por recaudación —medida muy valorada hoy— está en el puesto veinte —las hay más arriba, yo he producido varias, con perdón— y ha costado seiscientos millones de pesetas, y la que está la primera ha costado veinte mil millones, es más rentable la veinte que la uno. Si las televisiones recuerdan de una vez por todas que son concesiones estatales y no las sociedades mercantiles que predican y cumplen las directivas europeas que las obligan a contribuir a la fabricación de audiovisuales sin piarlas tanto, y si caen en la cuenta de que la libre disposición del espacio hertziano para emitir sus programas hasta los millones de televisores que los reciben sería equiparable a que mis películas dispusieran gratuitamente de todas las salas de proyección del país, todos nos entenderíamos mejor. ¿Se va entendiendo cómo va el cine español? Asfixiado económicamente coge resuello como puede y, de vez en cuando, inflado —de aire, no de cuartos— expele el aire por el agujero menos pensado.

LA COLIFLOR, AQUÍ Y AHORA, ES FUNDAMENTAL

A VECES, CON CRECIENTE desánimo tengo que confesar, doy clases en algunas escuelas de cine.

Lo primero que pregunto a los alumnos es si quieren dirigir películas o y si quieren ser directores. Porque no es lo mismo. Dirigir películas es un trabajo muy duro, por medio del cual quien lo hace puede ejercer todas las potencias de su oficio y de su talento y facilitar a los que están a su disposición, a los equipos técnico y artístico, la expresión de lo mejor de lo que sean capaces. Ser director muchas veces no es nada más que pintar la mona, figurar, aparentar, conseguir una buena mesa en un restaurante. Quienes desde festivales glosan sus trabajos para encumbrarlos alentando así esta forma exhibicionista de dirigir artefactos cinematográficos «luciendo paquete», no hacen sino ejercer el tan viejo como triste oficio de mamporreros.

Aburre leer tanta sesuda reflexión sobre la caligrafía cinematográfica con la pretensión de estar haciéndolo sobre el cine. El cine es más grande que la suma de todas sus películas solo por una razón: porque de vez en cuando retrata a algún ser humano en su caldo. Y en ese retrato el tipo de lienzo, el bastidor, las cuñas que lo tensan y hasta los pigmentos que se han mezclado con el aceite para fabricar los óleos son adjetivos.

Podría decirse que, hoy por hoy y en términos generales, director de cine es toda persona voluntariosa que con un guion como guía y con los medios que le proporciona un productor dirige a los equipos técnico y artístico de que dispone hasta conseguir rodar y montar una película que pueda ser mostrada en una pantalla, después del tiraje de copias en el número que la producción y la distribución consideren adecuado.

El público, la crítica, los visionadores para festivales y los directores de los mismos, los aficionados bien informados, los compradores internacionales, los adquirientes de derechos de emisión de las televisiones, sus compradores de películas, los distribuidores y, así es la vida, muchas personas de oídas, sin ver el film, decidirán sobre la calidad y la comercialidad de la película que ha dirigido el director y cuál es la valía de este.

El director será tenido por mejor o peor según cada espectador juez y en atención a características muy diferentes, que sería prolijo enumerar, ya que van desde la abundancia de determinados encuadres o movimientos de cámara en sus películas a la peculiar manera de dirigir actrices, a sus confesas o inconfesas manías o a su aspecto físico del que, por cierto, se pondera en general como algo positivo el que esté gordo. Con frecuencia llega a ser habitual entre los entendidos el distinguir las obras de un mismo director por lo que denominaríamos su estilo, que puede ser espléndido o nefasto, mediano, prudente, ampuloso o discreto.

La teoría del director de cine como autor, palabra que uno interpreta como sinónimo de máxima y última responsabilidad, ampara por igual al genial autor lleno de potencia artística y de portentosa capacidad expresiva y al autor imbécil que crea como máximo y último responsable —o culpable— absolutas imbecilidades. Tan autor es Pío Baroja de sus obras como Juan Manuel de Prada de las suyas; pero no hay color. Y en cuanto a la comercialidad de los directores ya le gustaría a Santiago Segura, amiguete, que las películas que ha hecho hasta ahora hubiesen sido tan comerciales como las de Ingmar Bergman, paradigma del autor no comercial, según la crítica.

El director es el autor de una película —el máximo y último responsable de lo que el espectador vea y oiga en una pantalla— y guiado, instruido, determinado por un guion, realizador de esta con los recursos generosísimos, suficientes o mezquinos que ponga a su disposición un productor. Porque el director decida paso a paso cómo se han de hacer las cosas, elemento a elemento, porque a propuesta de cualquiera, amigo, amante, técnico o actor, acepte implícita o explícitamente cualquier modificación de sus ideas, o porque deje hacer, no hay cosa que se vea u oiga en la pantalla que escape a su control y a su capacidad de modificarla. Como último recurso para evitar que sea otro u otros quienes tomen esas decisiones le queda la enojosa posibilidad de no firmar el resultado.

También hay sedicentes directores que no saben en qué consiste realmente su trabajo. Ni deciden el tamaño del plano, ni la altura de cámara para encuadrar, ni la distancia del actor a la que ha de estar esta, ni saben dirigir a los actores, ni tienen criterio alguno sobre maquillaje, peluquería, vestuario, decoración, ambientación, música, montaje, mezclas... O el criterio que tienen sobre todas o algunas de estas materias es lamentable. Es decir, hay directores que son muy malos o que ni siquiera son directores aunque firmen las películas como tales.

La trinidad producción-guion-dirección es nuclear, básica, raíz, sostén y tronco de una película. Las ramas por las que esta se hace más visible son la fotografía, la decoración, el montaje, la interpretación —con su vestuario, su maquillaje, su peinado—. No hay árbol sin raíces y tronco. No lo hay sin ramas. Estas son lo que más se ve del árbol. Las películas tienen, por tanto, unas raíces en la tierra —guion, producción y dirección— y otras en el cielo —las estrellas y los astros del cine, los artistas de la música, la decoración y ambientación, los de la fotografía...—. El director —recuerden aquel título: *El director es la estrella*— participa de una privilegiada doble naturaleza: raíz de tierra y raíz de cielo.

Los guionistas sufren un desclasamiento que les hace actuar fuera de juego en el ámbito de la literatura —un guion no es estrictamente una pieza literaria para los escritores, editores y críticos—, pero no hay profesional del cine que infravalore la naturaleza radical, medular del guion, la importancia de los diálogos como vehículo de comunicación con el público, la estructura dramática y narrativa del guion como sostén de la película, los caracteres de los personajes como paradigma identificativo para quien ve el film, las situaciones en que se ven envueltos que son los segmentos de vida imprescindibles para el desarrollo de la trama. Segundo a segundo, lo que hacen y dicen los actores es mirado con lupa y escuchado con amplificadores por alguien, un director, que les merece o no respeto, pero en cuyas manos está, segundo a segundo, la posibilidad de que lo que acaban de hacer o decir de una determinada manera pase al montaje final de la película, desaparezca de este o tenga que ser modificado cuantas veces quiera el director —explicando por qué o sin explicarlo— allí mismo, en aquel instante y delante de todo el equipo, que casi siempre y muy ineducadamente se pone nervioso cuando el «muñeco» tiene que repetir. Muy grandes compensaciones tiene que tener un ego para aguantar semejante marcha.

Sin fotografía, en movimiento para mayor dificultad, no hay película. Es obvio. De la calidad de todos los otros elementos que, amalgamados, completan lo que se ve y se oye, depende la calidad de la suma, la percepción más o menos compleja y aguda que tenga el espectador de lo que se le muestra. El montaje es el armazón definitivo del edificio, delata la resistencia de sus materiales y muestra las fachadas, los paramentos verticales y horizontales, y sus huecos.

¿Y LA coliflor? ¿Cabe la coliflor en esto? ¿Cuál es la relación que puede establecer el director con la coliflor? La coliflor, aquí y ahora, es fundamental. Premeditada o impremeditadamente puede incluírsela en las películas. Será lo que en ellas haya de vida.

Una escuela de cine tiene que saber cuántos y cuáles de sus alumnos tienen coliflor para aportar a sus películas. Y enseñarles las recetas más idóneas para que la coliflor se integre en el guiso fílmico. Que los alumnos aprendan qué ha sido el cine, qué es y qué puede llegar a ser. Y por qué. La elaboración correcta del mismo. La busca de la inteligibilidad y la excelencia. Los espejismos del genio y la ingrata honradez. El poder y la gloria que da hacer cine. Y la ansiedad y el dolor que puede producir hacerlo o dejar de hacerlo. Cuánto vale un peine en el mercadillo de este arte, las veces que se caen los palos del sombrajo y los días y las horas que marca en abundancia el calendario para perder la honra en su ejercicio. De hecho, hacer cine y mantener la coliflor viva es un sinvivir literal la mayoría de las veces. Y cuando los dioses aprietan de verdad en este ámbito, como siempre, ahogan.

HEMINGWAY Y el iceberg... Toda narración debe mostrar al exterior nunca más del veinticinco por ciento y guardar el setenta y cinco por debajo de la línea de flotación, que es donde el lector o espectador encontrará el resto de material congruente.

Los que elegimos como forma de vida hacer cosas que deben ser aceptadas por el público hasta el punto de que paguen por acceder a ellas, y consecuentemente nosotros podamos vivir de lo que ellos pagan, adquirimos dos compromisos. Uno, satisfacer esa exigencia del consumidor, y dos, satisfacer nuestras propias exigencias ideológicas, estéticas, éticas, sentimentales, para no sentirnos meros mamporreros del gusto público.

Las dos vías más utilizadas para acceder eficazmente al gusto mayoritario son:

La primera, darle al espectador, como aconsejan tantos, todo muy masticado. Bien, sigamos el proceso. Lo masticado no desaparece milagrosamente: o lo escupes o lo tragas. Si lo tragas, lo digieres; si lo digieres, lo cagas; si lo cagas, es mierda.

La segunda manera de dirigirse al espectador en búsqueda del éxito infalible es ir directamente a su corazón. Una bajeza repugnante que prodigan las televisiones del mundo entero que deben de pensar que, si los espectadores les dejan entrar en sus casas, una vez dentro pueden penetrarlos hasta tocar ese badajo frágil que apenas defiende el esternón.

El mundo de hoy se apoya en un trípode: la apariencia. La percusión. La reiteración. Todas son consustanciales a nuestro oficio y todas hay que administrarlas con dignidad y decencia. Mucho pedir en los tiempos que corren.

Excluido el hecho de haber sido reducidos ambos, Azcona y yo, él en Logroño y yo en Albacete, a la disciplina escolapia, pocas o ninguna otra vivencia significativa me unen a esa generación admirable que puso en pie la genuflexa dignidad de las artes en este país, a hostias con la censura y estirazando el talento hasta límites heroicos.

Ellos, otra generación, otras circunstancias, leyeron esa vida. Yo leí lo que ellos escribieron de ella. Y llegué, cuando se acercó la hora de mancharme las manos, de meterlas en la masa, con prejuicios, juicios, obligaciones autoimpuestas de carácter social, político, que me hicieron opinar en cada plano que rodaba y, a la vez, de los mimbres con los que, años antes, habían hecho sus cestos aquellos maestros consumados de los que yo había aprendido, sin que ellos pretendieran dar lecciones a nadie. Yo no llegaba virgen ni inocente, sino armado hasta los dientes de su materia prima y de instrumentos avanzadísimos para trincharla, aliñarla, ocultarla, mixtificarla, reducirla, deconstruirla, joderla, divinizarla. Y, lo que es más, me hubiera sentido un cabrón modorro de no hacerlo así.

Entonces amanecía. Hoy sigue amaneciendo. Las circunstancias han cambiado, pero el denominador común, que no es poco, es que amanece, y eso sería interpretable como una constante consoladora, si no fuera porque lo que sigue al alba no la mejora en absoluto. Uno sabe que la primera noticia que lea, vea, oiga le hará llorar la mayoría de las veces.

Hoy, esa conformidad —no es poco que amanezca con lo que está cayendo— es una conformidad de vuelta. Se vivió la transición escabechada en desencanto y, a través de vaivenes no menudos, desembocamos en un mundo canalla en las garras de acumuladores inexplicables de capital que siempre encuentran mamporreros que lleven a oquedad propicia sus intereses generativos de moneda.

Y así nos va, presos y acobardados, en esta caverna donde se simulan amaneceres, que unos cuantos platones, con las circunvoluciones cerebrales atufadas por la gomina, intentan vender como faros de Alejandría.

Hasta aquí los materiales de los que uno haya podido servirse para hacer lo que uno ha hecho. Para vivir del cuento.

UN DÍA me llegó un suplemento de un periódico de Valladolid con un pósit de Miguel Delibes, con el que estaba entonces trabajando en la adaptación de *El hereje*, en el que me decía: «Ya me gustaría a mí que este dijese de mí las cosas que dice de ti, socabrón». Busqué la página y vi una entrevista de Woody Allen en la que decía que había visto una película europea llamada *La lengua de las mariposas* y que le parecía una de las mejores películas que había visto en los últimos tiempos. Que era una de esas películas europeas que antes llegaban a Estados Unidos y que ahora llegan con muchísimas dificultades. Inmediatamente, le escribí diciendo: «¡A mí las suyas me gustan mucho!».

Años después, cuando Sonia Grande le comentó que lo último que había hecho era un trabajo para José Luis Cuerda, el director de *La lengua de las mariposas*, dijo que le gustaría conocerme. Hubo un momento en el que querían que tuviésemos una entrevista en el Teatro Jovellanos, en Asturias, pero yo no sé inglés... ¡Luego he sabido que él también habla francés y podríamos haber hecho la entrevista en francés! Más adelante, Sonia le llevó unas botellas de Sanclodio y me escribió un *mail* que decía: «Hace usted tan buen vino como cine». Y le contesté otra vez: «Muchísimas gracias. A mí el cine suyo sí me gusta. Si hace usted vino, pues...».

Decía Rafael Azcona, al que yo le daba la razón siempre y se la seguiré dando, que a ver cuándo le daban el Nobel de Literatura a Woody Allen. Y es verdad. Hay toda una escuela de escritores judíos americanos, poco ortodoxos en cuanto a su judaísmo, de la que forman parte Philip Roth, Saul Bellow, Woody Allen y tres o cuatro más, a los que les tengo veneración. Lo que sabe esa gente sobre los recovecos del alma humana lo saben muy pocos.

SANCLODIO

UNO DE MIS PRIMEROS recuerdos es la visión de un puñado de cepas arrumbadas en un rincón de la cocina de la casa de Albacete en la que nací. Las había arrancado mi padre de una finca que acababa de comprar en Chinchilla, a doce kilómetros de la capital, y que iba a dedicar al cultivo de cereales. Decía él que aquellas vides, ya para entonces muertas, daban un vino de muchísima graduación y muy espeso, rico, que se podía mascar y que alimentaba más que un filete. Pero como a él no le gustaba beber y tenía una antipatía suprema a los borrachos, plantó en aquellas tierras trigo, cebada y un bancal de garbanzos, que mi hermano y yo, por cierto, nos comíamos a puñados, verdes y crudos, hasta que mi abuelo Julio nos dijo que tuviéramos cuidado, porque aquella plantación estaba invadida de culebras. A partir de entonces se acabaron el festín y las indigestiones de garbanzos verdes. Pero, como todo hay que decirlo y todo lo puede el tiempo, mi padre en los últimos años de su vida, siempre que lo invitaba yo a comer, se tomaba un par de tintos, o tres, y se ponía muy contento, gastaba bromas y hablaba más, hasta terminar comentando invariablemente aquello que había oído, oculto tras unos matorrales, a tres mozas de su pueblo, a la vuelta de una romería, mientras se cambiaban el calzado de fiesta por el de andar a diario: «Qué bien hemos comido y qué bien hemos bebido», decía una. «Si tuviéramos suerte y no nos quedáramos embarazadas», replicaba otra. «Así que, algo más que comer y beber habrían hecho», apostillaba mi padre.

Aquellas cepas de mi infancia, amontonadas en el rincón de una de las dos cocinas que tenía la casa de la calle Albarderos, se me vinieron de nuevo a los ojos cuando yo mismo hice arrancar otras en la Cerrada da Porta, la finca de los Arias que compré ahí, en Cubilledo, y que poco a poco va tomando aire de viña y de achatado y viejo torreón vigía, con el adorno medianero de ruina y de uralita que tanto la caracteriza, y que nunca agradeceré bastante a La Ramona, a la Rosita do Rial y a cuantos tan bien las han aconsejado para que no me la vendan. Arranqué, decía, esas cepas no para plantar cereales ni garbanzos, como mi padre, sino para sustituirlas por las variedades que siempre le fueron propias a esta tierra: la treixadura, el godello, el torrontés, la loureira y el albariño. Variedades, tacañas en cantidad y magnánimas en calidad, que hicieron del ribeiro histórico, y que pueden hacer del ribeiro de hoy, uno de los mejores blancos del mundo. Plantación hecha, por otra parte, como mandan los tiempos y las modernas técnicas de cultivo y recolección, con el fin único de sumarme fraternalmente a quienes trabajan con honradez por la elaboración de los «amigables vinos del Ribeiro, buenos y cordiales compañeros, dados al diálogo», como los llamaba Álvaro Cunqueiro.

Entre estos dos arranques de cepas, el que hizo mi padre y el que hice yo, habían pasado más de cincuenta años. Medio siglo. Y se hicieron a ochocientos kilómetros el uno del otro. Aunque parece que la tal distancia no ha sido obstáculo a través de la historia, vista si se quiere como historieta, para que las uvas manchegas y las gallegas se hermanasen en algunas bodegas del pasado de manera tan productiva como fraudulenta. La Mancha da mucha uva y cada vez se hace allí mejor vino. Espero que encuentren en ello mis paisanos negocio suficiente como para abandonar prácticas de las que nadie puede sentirse orgulloso. Están lejos los tiempos de mi juventud, ya en Madrid, en los que cualquier vino tonto, escaso de uva, y abundante en química, era un Valdepeñas, un manchego. Como están lejos también los tiempos en que cualquier líquido ácido teñido de moras o de bayas de saúco, servido en *taciña*, o su hermano pequeño, turbio y rubio, eran los ribeiros que había que beber. Hacer las cosas mal es invertir tanto en cuartos fáciles a la corta como en olvido y en desprecio a la larga. Pan para hoy y hambre para cien años.

Las tres o cuatro decisiones más gordas que he tomado en mi vida incluyeron una dosis no pequeña de irreflexión. Creo, además, que de irreflexión voluntaria, «medida». Del tipo de «no lo voy a pensar mucho, porque, si no, no lo hago».

Creo que esas decisiones irreflexivas incluían un optimismo vital —inadecuado o adecuado— que me hacía intuir que la vida, con su marcha al margen de mi voluntad, iría facilitando o dificultando las cosas que yo quería hacer hasta permitir que, las que —literalmente— valieran la pena saliesen adelante. Y en esa confianza sigo.

Probablemente el cultivo de las dos insensateces —cine y vino— tenga una misma última razón: agradar. Así de débiles y frágiles somos. Necesitamos que se reconozca que estamos vivos y que convivimos en un medio que nos acepta e incluso nos halaga —las postrimerías del hombre vienen a desbaratar tanto orgullo malsano—. El que quiere, tan osadamente como un cineasta, que se le reconozca el derecho a secuestrar espectadores para ver las propias fantasías, es muy capaz de creerse también en el derecho

—tampoco tanto— de atizarle los sentidos con un vinito blanco de fácil ingestión y resultados euforizantes.

La implicación en algo como la vitivinicultura, involucrarte en algo tan complejo, costoso, sujeto al azar meteorológico tan determinantemente como al error humano es absorbente, didáctico y con un final casi orgásmico: catar tu vino y que huela y sepa a gloria. Invitar a los amigos, ver que lo disfrutan. Venderlo, incluso, que es como jugar al póker y ganar...

El contacto con la gente que trabaja la viña y el vino en la bodega ya es una gratificación en sí. ¡Lo que saben esos paisanos! Yo he tenido una suerte inmensa con José Antonio. El sí que sabe lo que necesitan la tierra, las plantas, los racimos; cómo defenderlas; cómo sacarles el máximo rendimiento cualitativo —el cuantitativo hay que sacrificarlo casi siempre para ganar calidad—. Es la sensatez, la anticipación. Disfruta y sufre con los accidentes benéficos y maléficos que acompañan cada cosecha desde la sonrisa irrefrenable y perpetua cuando todo va bien, hasta el insomnio inatacable cuando se tuercen. Y luego está, en mi caso, la recuperación de un edificio construido en 1529 por un cura, el párroco de Dacón, que hizo casi tantos hijos en el valle como azumbres de vino; el archivo, clasificación y conservación —con la ayuda de la arqueóloga Nieves Amado— de cientos de documentos originales desde el siglo xv al xx de la familia propietaria de estas tierras: sus aforamientos, sus pleitos, sus compras y ventas, sus testamentos... Y, luego, la terraza: el paisaje que me rodea, los cambios de luz, la brisa del anochecer en verano. Las cenas, allí, con amigos. Las botellas de Sanclodio que las remojan. Para mí es un retiro de centurión romano. Los emperadores premiaban con villas en el Ribeiro a sus servidores fieles. Debe de ser el emperador Hollywood —la recaudación de *Los Otros*— el que me ha premiado a mí con esta propiedad. Y yo le agradezco al cónsul Amenábar que así haya sido. Y beso su frente.

He visto, ahora que hago vino, que el proceso de la vitivinicultura tiene componentes muy parecidos a los de la gestación, preparación, rodaje, montaje y explotación comercial de una película. La ideación y escritura del guion llega hasta que las uvas maduran en la vid. La vendimia, el despalillado, el prensado y el tratamiento del mosto hasta la fermentación sería el rodaje. Y, por último, el paso del vino por el equipo de frío, la estancia en depósitos, los filtrados finales y el embotellado, equivaldrían al montaje y la tirada de copias. La distribución es similar en ambos casos y la proyección pública (salas), idéntica a la consumición de vino en restaurantes. El consumo doméstico es también el mismo (vídeo o tele y comida familiar o amistosa). Esta explicación meramente mecánica excluye el alma. Ambos procesos responden a una idea, a una moral y a un fin: uno cree que puede valer la pena que lo que uno hace sea «disfrutado» por otros. Esta es la base de la osadía. Pero si uno es persona decente procurará que lo que ofrece, expone, al otro sea producto decente.

Yo llegué al ribeiro, por primera vez, en uno de los mesones que festonan la Plaza Mayor de esta Corte a primeros de los años sesenta. Había allí vino en *taciñas*, sangría retrechera, tortilla de patatas, turistas americanas y tunos puñeteros que querían acceder a las turistas con fines lascivos. Y, sin lugar a dudas, lo peor de aquel conjunto eran los tunos y el ribeiro, los dos por turbios, malcriados y perforadores de la sensibilidad; y lo mejor, la lascivia, que uno se llevaba inédita a casa, para consumo privado. Ya, por suerte, no quedan tunos; ya, por suerte, no queda ribeiro de aquel; y de la lascivia cada uno sabrá lo que resta en sus tinajas.

El Medievo es la edad de oro del Ribeiro. Los monjes medievales son depositarios de los saberes clásicos. Su conocimiento del latín, del griego, del hebreo y las bibliotecas de los monasterios les permiten —a veces, como cuando ejercen de copistas, los obligan— a acceder a textos de muy variada naturaleza, y pasan de la teodicea o la metafísica a la *Re agricola* con frecuencia y facilidad. Los cistercienses que provenientes de Francia ocupan las abadías gallegas en puestos de responsabilidad añaden a esos saberes clásicos —que incluyen el conocimiento de la vitivinicultura romana en esta parte de la Península— los modos franceses de plantar y cuidar las viñas y de elaborar el vino. El establecimiento de los cistercienses franceses en los monasterios de la zona, San Clodio sobre todo, pero también en las granjas y avanzadas de Sobrado y Oseira, por ejemplo, coloniza el Ribeiro y lo convierte en una potencia económica de primer orden. La fisonomía básica del Ribeiro de hoy procede de esa época.

Los poderosos de entonces, que debían de haber acumulado en esta vida tantos bienes como pecados, quieren que estos les sean redimidos por las misas y rezos de los monjes, y no dudan en legarles todas sus riquezas para que se empleen a fondo en tales menesteres. Los monjes, que no tienen otra cosa que hacer, celebran las misas que haga falta y rezan sin parar, al tiempo que aforan las tierras, las casas y los derechos heredados o legados, a cambio de que sean, donde el terreno lo propicie, dedicados a la vitivinicultura, cuyas artes científicas traen de Francia. El vino les hace falta para convertirlo en sangre de Cristo; pero no desprecian los bienes colaterales que puedan producir los excedentes. Es decir, unos rendimientos producidos por los foros y por el comercio vinícola que les permitirá pasar del románico al barroco y, eso sí, casi perecer en tamaña exuberancia.

Siempre pensé que el comercio del vino del Ribeiro con Inglaterra se interrumpió por decreto de Felipe II en el siglo XVII, para impedir el trato de los cristianos buenos, españoles católicos, con los cristianos malos, protestantes, que el rey, la Iglesia y un puñado de secuaces consideraban dañino para las almas. Mis lecturas me hacen ver que, oh fatalidad de la siempre torcida alma humana —medien o no medien los luteranos—, el tal comercio se vio roto también, y muy fundamentalmente, porque los propios *riberaos* se quejaban de que la exportación, tan abundante y tan provechosa para no pocos, encarecía el vino de consumo doméstico, y que la manera de abaratarlo era impedirla.

La envidia de siempre. La mala uva, nunca mejor dicho. Si a eso se une el pirateo marítimo, que hacía peligrar las expediciones que no eran seriamente custodiadas por la Marina real, el enclaustramiento del ribeiro estaba sentenciado.

Las enfermedades de la vid, por una parte, con la consiguiente hambruna, emigración y abandono de las tierras, y la posterior torpeza de quienes malgastaron el nombre del ribeiro con una fraudulenta elaboración y una ansiosa comercialización de vinos impresentables, «buenos para nada», llevaron en tiempos aún recientes al desprestigio del ribeiro en los núcleos de consumo más selectos y concedieron a otros unas inmerecidas ventajas que aún rentabilizan.

La vida de los que, al pie de la terraza de mi bodega, por ejemplo, y no hace tanto, esperaban a primeras horas de la mañana a que el capataz arrojase desde lo alto un puñado de herramientas, y el que cazase una al vuelo podía trabajar con ella de sol a sol, a cambio de la comida. Los corredores de vino, bodega sí y bodega no, carroñeaban por el ribeiro y sentenciaban a vida o a hambre a familias enteras aceptándoles o rechazándoles tal o tal cuba, tal o cual cosecha. La emigración deja las viñas sin mano de obra o la encarecen haciendo imposible su mantenimiento en base a la venta de un vino barato de calidad ínfima.

De estas vidas entre estas piedras, de esta historia, está hecho el ribeiro.

En la reciente década de los ochenta, gente emprendedora y cabal como Arsenio Paz y otros realizan la apuesta definitiva de la honestidad y el conocimiento, aplicados a la viña y al vino del ribeiro. Vuelven las cepas de treixadura, loureira, lado o torrontés, y las de ferrón, caíño, sousón, brancellao o mencía; se optimizan los cultivos vitícolas para aprovechar la morfología del terreno, sus características geológicas y ese milagro, único en el mundo, de la interrelación atlántica y mediterránea, que para sí quisieran franceses, alemanes o italianos, a la hora de fabricar sus vinos blancos, y renace un ribeiro cuyo color, olfato y paladar va a analizar, mejor que nadie, Isabel Mijares, mujer a la que admiro y de quien me declaro humildísimo alumno oyente a tiempo parcial.

Al Ribeiro se va pues, y sobre todo, por su vino. Por la ruta gustosa, aleccionadora, amigable, culta, inquieta, inmemorial, cercana, viva y bullente de su vino.

Y, para qué nos vamos a engañar, al Ribeiro se va cogiendo la carretera de La Coruña, todo derecho, hasta Benavente; allí, nos desviamos a la autovía de... etc., etc. No tiene pérdida.

«El Nueva York de La Mancha», según Azorín, era Albacete. Por la casa de Legorburo, me imagino, edificio racionalista de seis pisos, con comercio de ferretería en los bajos y el primer ascensor de la ciudad, al que, por cierto, subió mi abuelo Julio una única vez sin que le quedaran ganas de repetir experiencia: «Nunca me ha gustado a mí el *ascensorio*», dijo durante años recordando el hecho, mientras meneaba negativamente la cabeza. Con no menos razones podría afirmarse que Carballiño es el «Nueva York del Arenteiro». Hasta le sobran rascacielos, diría yo. Su perfil, inútilmente quebrado, ha sido objeto de estudio por alguna escuela de arquitectura como ejemplo de disparate. Su urbanismo, un caos.

Y pudo ser de otra manera: nació Carballiño, como Albacete, una vez más, al calor mercantil de una feria medieval, y desde el barrio de Flores —hogaño de copas para la juventud— se extendió y pobló hasta los doce mil habitantes que la habitan hoy. Carballiño sería otro si los ímpetus e ilusiones del más célebre de sus párrocos, don Luciano Evaristo Vaamonde, hubieran culminado como Dios manda. Antonio Palacios, el arquitecto del Palacio de Comunicaciones de Madrid —«Nuestra Señora de las Comunicaciones», como lo rebautizara Trotski de paso por la capital—, del Circulo de Bellas Artes o del Hospital de Maudes, ideó para Carballiño un templo, el de la Veracruz —por la reliquia de la Cruz de Cristo que allí se venera—, que él supuso imán de multitudes, al modo compostelano, y para el que trazó planos de ensanche de la población que incluían, además del templo, un claustro procesional y un hospital de peregrinos. Estas construcciones se unirían por medio de calles y plazas, planificadas por el mismo Palacios, a la estación de ferrocarril. Nada pudo ser. Solo el Templo, que, junto al Parque Municipal de treinta y dos hectáreas, constituye hoy lo más resaltable de una población eminentemente comercial y de servicios. Quedan también el Gran Balneario y restaurantes buenos donde yo mantengo con placer y sin dificultad la línea —en mi caso curva creciente—: O Xardin, La Cubana o el Barazal, este a escasas leguas del pueblo.

Y ahí, a escasas leguas, es donde Carballiño, que puede ser utilizado como centro de operaciones, posee tesoros imprescindibles: innumerables rincones fluviales que uno lleva al cine siempre que puede, el Castro de San Cibrán de Las, las iglesias románicas de Astureses, Moldes, Ourantes, Maside o Banga. Los monasterios de Oseira y de San Clodio...

Y Pazos de Arenteiro. Una joya. Aposento placentero de ricos traficantes del portentoso ribeiro. Al restaurado pazo de la todopoderosa Encomienda, acompañan en la amalgama del poblachón ilustre los de Cervela, Feixóo, Currelo, Tizón o Laxas, la preciosa casa del médico, la escuela... Preside todo la Parroquia de San Salvador y, ya en el Avia receptor, mantiene su arco airoso y pelado el Puente de la Cruz, donde un cura levantisco, caudillo carlista, resistiera el avance liberal a dentelladas. La bajada desde el pueblo hasta el Arenteiro saltador es uno de los paseos más felices que cabe propinarse. Los muros que quedan a la izquierda, alcanzadas las aguas, se trufan en algunos tramos de reliquias paleolíticas de un yacimiento vecino. Y para escarnio de estas piedras sacramentadas por las manos de nuestros antepasados que las hicieron útiles, otras manos contemporáneas con pretensiones artísticas y buril obtuso han profanado las que, en medio del río, hacen de trampolín a su corriente, camino del Avia. Esperemos que la fuerza de esa corriente las alise pronto.

Pazos, Carballiño, Paradela de Moldes, Cubilledo son, ahora, mi patria electa. Y no es que yo me olvide del Albacete donde nací y viví hasta los quince años, ni quiero ni puedo hacerlo. Pero es que se está tan bien aquí...

El vino es un estado de ánimo. El vino se justifica, adquiere su identidad más elocuente, por el hecho de ser visto, olfateado, paladeado. Sentido. Hasta ese momento es un don nadie de potencial variable que va del cero al *summum*.

El vino, convertido mediante cata en motor del ánimo nuestro, puede erigirse en raptor total o parcial del ser que llevamos dentro. Por un segundo, por un ratito, por una velada, por toda una vida en nuestros recuerdos...

Cuando, a la altura de Leiro, me desvío por el ramal que indica el acceso a Cubilledo, tomadas en cuesta un par de curvas, se llega a un bosquecillo fragoso, con todos los verdes, con todas las formas vegetales del universo, yo me siento a salvo. Unos metros más adelante se entra en mi finca, en mi viña, en mi casa. ¿Os acordáis cuando en los juegos infantiles conseguíamos escapar de quien nos perseguía y, llegados al lugar designado previamente, lo tocábamos con la mano y gritábamos: «¡Casa!»? Nos habíamos salvado. Eso me pasa a mí al llegar ante las puertas de hierro forjado que dan acceso a la Cerrada da Porta. Que es mi viña, que es mi descanso, que es mi afán. Mi casa.

La compré en el año 2002. Había pertenecido a la familia Gómez Arias durante generaciones y su último propietario más ilustre fue don Emilio, abogado de Calvo Sotelo —el «protomártir» de la guerra civil del 36—, líder del Partido Liberal de Ribadavia y padre de don Pablo, catedrático de Literatura y borrachín pacífico, que durante su multitudinario velatorio —unas decenas de aldeanos— fue agredido por uno de los lugareños que se plantó a los pies de su cama, le gritó un reprochador «¡borracho!», se le acercó y le arreó una bofetada portentosa. Ni a Valle Inclán se le hubiera ocurrido tal esperpento. Pues un sobrino de este don Pablo, y a las alturas del 2002, su único heredero, Juan, fue el que me vendió la casona y unas seis hectáreas de viñas abandonadas que componían la propiedad de Cerrada da Porta, Aguieira y A Planada, por treinta y cinco millones de pesetas, lo que no fue impedimento para que, al día siguiente, corriera por el valle la noticia de que «el del cine, que no tiene ni la más ligera idea de cómo andan las cosas por aquí, ha pagado setenta millones de pesetas por lo de los

Arias». Operación con la que *in pectore* los linderos duplicaban el precio de sus posesiones.

La compra se realizó en El Corte Inglés de Vigo en cuya cafetería me esperaban la esposa del vendedor y el vendedor, que nada más verme dio un respingo: «¡Coño, si tu eres Cuerda! Si llego a saber que eras tú el comprador, te pido más». Había estudiado Fotografía en la Escuela de Cine de Madrid y me conocía; pero no solo no pidió más, sino que añadió a la oferta por el mismo precio unos retales de tierras abandonadas desde hacía siglos y que me fueron útiles para hacer permutas con otros viticultores y racionalizar en la medida de lo posible el territorio. Él quería desprenderse de aquella herencia campesina —no de otras propiedades en Vigo capital— y permitirse algún lujo caprichoso: se fue a Egipto, a hacer un crucero por el Nilo.

Cuando me preguntan: «¿Cómo, siendo de Albacete, te gusta tanto Galicia?», siempre contesto: «Por contraste». Pero tengo que reconocer que la Galicia marítima me interesa muy poco. El horizonte marítimo me importa un pimiento. Me parece que te pone en contacto con Dios y como Dios no existe, te pone en contacto con la más estricta nada. La Galicia fluvial, en cambio, me interesa mucho.

Yo, en cuanto a ríos, me he conformado con el Júcar de mi Albacete natal, el Mundo —no un delirio de grandeza, sino limpio, cristalino, lo contrario a «inmundo»—, a cuyas orillas rodé *Amanece, que no es poco*—, o el Avia y el Arenteiro, manso uno, saltarín y juguetón el otro, vecinos de mis viñas.

Muchas noches, al llegar a la pequeña fraga que antecede a mi propiedad, tengo que levantar el pie del acelerador porque, detrás de una curva, una jabalina suele cruzar la carretera con sus jabatos camino de un regato que les sirve de abrevadero. Estos bichos son torpones, guarrotes y descuidados. Entran en las viñas, escarban, hociquean, dejan todo hecho un asco y además no recuerdan por donde entraron y, para salir, joroban la cerca con gran eficacia. Los corzos, que por desgracia también están llegando a estas latitudes, por lo menos saltan las vallas y los zorros, otros visitantes, tienen un comportamiento ejemplar.

Un día, al atardecer, cargado con mi cámara de fotos, como suelo hacer, subí hasta Aguieira, la viña, de las mías, que sobrevuelan las águilas, y mientras contemplaba sentado en un pedrusco el valle a mis pies, vi que algo se movía entre las filas de cepas. Usé el teleobjetivo de mi cámara para mejorar mi visión: era una zorra que con meticulosidad de *gourmet* arrancaba con sus dientes una a una las uvas y las comía con delectación. Pudo ser una foto preciosa. Estaba encuadrada y enfocada. Solo tenía que disparar. Hubiera ilustrado a la perfección un bello texto sobre la zorra y las uvas. Pero... En vez del artista que se supone que uno está obligado a ser aunque sea por currículum, me salió el propietario que convive con él más cerca de la billetera que del corazón, dejé la cámara y, a palmadas y gritos, ahuyenté a la zorra. El animal no podía creérselo. Me miró un instante y tranquilamente se dio la vuelta y se alejó sin prisa ninguna. Aún se volvió a mirarme con desprecio un par de veces. En menos de un minuto llegué a una triste conclusión: definitivamente, yo era un imbécil. La zorra como mucho se hubiera comido un racimo, dos racimos... Al precio que está el vino, hubiera sido más rentable para mi billetera de propietario la venta de la foto a la *National Geographic*. O como imagen publicitaria: «Si es tan inteligente como el zorro, consuma Sanclodio».

Hacemos Sanclodio para que el que lo consuma sienta placer al mirarlo, al olerlo y al paladearlo. Esta humilde intención requiere la confluencia de numerosas circunstancias, unas objetivas y otras añadidas por quienes lo elaboramos. Entre las objetivas: la confluencia de los climas mediterráneo y atlántico —que solo se da en esta zona del mundo—, el terreno granítico, la plantación en laderas de colinas aterrazadas... Y una historia vitivinicultora gloriosa, con raíces romanas (siglos I-IV), desarrollo cisterciense (siglos XII-XVIII) y apogeo renacentista que hace que el ribeiro del siglo XVI sea el vino blanco más reputado de Europa, favorito entre otros de los ingleses, que lo prefieren por su calidad a sus vecinos vinos franceses. Apoyados en esta tradición, aprovechamos hoy las más modernas técnicas vitivinícolas para, a partir de la replantación de las variedades de uva autóctonas, del esmero en su cultivo y de los últimos avances aplicados a la elaboración del vino, intentar que Sanclodio salga de nuestra bodega, que comenzó su andadura en 1529 y en el edificio original permanece instalada, como un vino blanco que produce un gran placer al mirarlo, al olerlo y al paladearlo.

Profesar en la vitivinicultura del Ribeiro es volver a entrar en religión. Probablemente. En la medida en la que aquellos monjes, los de Santo Estevo de Ribas do Sil, por ejemplo, llegada la Cuaresma, echaban puercos al río para pescarlos después con red y justificar así su consumo los días de abstinencia: «Lo que se pesca en el río es pez», argüían a los malhumorados campesinos cuando les reprochaban su actitud. Esa religión del hedonismo la mantengo lo más viva posible y, cuando se tercia, le enciendo alguna vela.

(Paréntesis. Estrofilla en finos octosílabos de una *chanson* del agro albaceteño: «Debajo del delantal / llevas al Niño Jesús / y yo llevo aquí la vela / por si le quieres dar luz»).

Pero quizá esta vinificación que he traído a mi vida sea más un tributo a la diosa Inseguridad. Creo que ya les he contado que me cuesta sudores elegir un regalo. Precisamente por ser regalo. Es decir, algo que das a otro con el único objeto de que le guste. Algo impúdicamente interpersonal. Resumiendo: termino por hacer dos o tres regalos de distinta índole con la esperanza de que, si no gusta uno, guste el otro. Zozobra estúpida. Hacer películas —escribir novelas, pintar cuadros— es una osadía injustificable. ¿Por qué nadie se va a interesar por lo que uno hace? Anda que no tiene solicitudes la vida —incluidas las novelas, películas, etc., que hacen los otros— como para que tengan que fijarse en lo tuyo y complacerse en ello. Esa osadía tiene su correlato compensatorio en los palos que te meten a veces la crítica o los públicos. ¿Puede ser Sanclodio el «segundo» regalo que mi osadía ofrece al universo mundo?

ENVIADO ESPECIAL A LA INOPIA

Lo crean ustedes o no lo crean, yo no soy en absoluto ni contemporáneo ni cosmopolita ni, si me apuran, de este planeta y, por lo tanto, difícilmente puedo ser beneficiario impunemente de un predicado del tipo «manchego del mundo», con aires tan globalizadores.

Discretamente, sin que salga de aquí, les diré que no puedo evitar cuando oigo «globalización», entender «esclavitud»; cuando oigo «daños colaterales», entender «asesinatos masivos de civiles»; cuando oigo «libre mercado», entender «tonto el que lo lea»; o cuando leo, a veces, «periodismo de investigación», entender aquello de que a buen entendedor...

Tengo una visión agria de la vida, pero ¿qué visión se puede tener si vivimos en un mundo de mierda, insoportable, miserable?

Vivimos tiempos duros y atropellados. Hemos hecho que los tiempos que vivimos sean duros y atropellados. Hemos dejado que otros conviertan en duros y atropellados los tiempos que vivimos.

Digo vivimos porque los habitamos, no sé en cada caso con qué intensidad, sentimiento, lucidez, gusto o pena. Digo tiempos porque transcurrimos sobre sus zancadas, carreras o pasitos. Y digo que son duros y atropellados porque —me cago en todo lo que se mueve— lo que transportan sus segundos, minutos, horas y años de hoy son miserias, borderías, vistazos, humillaciones, piedras, bombas... para disfrute, solaz, orgasmo y risa del uno por ciento de la población y agonía sádica del otro noventa y nueve. Y son los nuestros tiempos atropellados porque nadie espera tres segundos, si puede colmar sus anhelos en uno. Ya no hay calendario, ya no hay jornadas, ya no quedan mensualidades ni anualidades, solo corto plazo. Se vive del pronto cobro, se muere del pronto pago. Es vital que todo sea pronto. Y sobre todo que ese todo sea enriquecimiento.

Se ha comprobado empíricamente, a mano, que los que esperaban vivir 2.439 años para disfrutar como gorrinos emporcados en sus riquezas andan muertos y decepcionados.

Unos, creyentes, levantaron vuelo hacia el lugar llamado diestra de Dios Padre y no llegaron ni a las copas de los árboles medianamente altos. Y de allí, a mano, se les está bajando para que, almas contra almas, echen una manita de tute en la taberna de algún núcleo habitable menos pomposo que el de Dios, léase Lezuza (Albacete), pongo por caso, y comprueben así que la eterna vida deseable y posible está aquí, en el calorcico de un brasero, en una copita de anís, en unos cuantos revolcones y en algunas cancioncillas populares en lengua vernácula.

Otros, agnósticos, ateos incluso, o de religiones increíblemente no verdaderas —fíjense qué idea estando ahí la católica—, andan perdidos por los barrios del cosmos sin amparo ni sosiego, con sus sacos de oro, petróleo, armas, drogas, papel moneda y fetiches, sobre sus herrumbrosos hombros y sin destino verosímil.

A todo dios le ha pillado el *tempus fugit*.

Se entretiene hoy el personal dándose bocados en las billeteras los unos a los otros, eligiendo banco suizo, eligiendo abogado, eligiendo corbata, sin ánimo alguno de serse en sí mismos, estando simplemente, pasando por las horas con la mirada puesta en la calculadora, sin usar el cerebro ni para echar cuentas.

Los ricos de antes utilizaban el fósforo cerebral para alumbrar ideas, conclusiones tan ciertas y elaboradas como la que en su momento luciera el patriarca de la hostelería míster Hilton, reducido hoy a abuelo de Paris Hilton. El hombre llegó a concluir que la única verdad incuestionable que conocía era que, en la bañera, la cortina de plástico estaba mejor por dentro que por fuera. Los de ahora actúan, no piensan. Los datos los dan las máquinas, y no hacen falta ideas. A los navajazos los impulsa el instinto.

Estamos al borde de vivir embalsamados en números, cuantificados, numerados, cosificados como cuentas de ábacos, ensartados en alambres como bolitas de una lotería, risibles espantahormigas, porque ni a espantapájaros llegamos. Para ello tendríamos que alcanzar de nuevo la estatura del vuelo de un gorrión.

Y no llegamos. No nos dejan llegar. Hemos dejado que no nos dejen llegar.

En el corto que dirigí para *Hay motivo* me limité a montar las intervenciones de José María Aznar en televisión afirmando que nos aseguraba que en Irak había armas de destrucción masiva, por lo que había que ir a la guerra. Cada uno de esos planos iba seguido de otro de Eduardo Zaplana en el que afirmaba que Aznar nunca había dicho lo que acabábamos de ver y oír.

El sistema engulle todo, empezando por la decencia. Y paga espléndidamente a quienes lo sustentan.

HAY PALABRAS insuficientes o excesivas, equívocas, unívocas o para abrir boca —y no decir nada—. También las hay escritas, habladas y de canciones; aunque a esas se las llame letras como a las de cambio.

Es un lío que la unidad comunicativa más propia y eficaz entre los humanos, la palabra, varíe tanto por culpa de su contexto, del texto mismo o de razones caprichosas, si es que las razones razonables admiten en su médula el capricho. También hay palabras que vehiculan con especial habilidad mentiras, como las hay que mueven a risa. Parece como si, por ser precisos, necesitáramos matizar con añadidos *ad infinitum* y continuamente lo que decimos o escribimos para no equivocar al que nos escucha o nos lee. El resultado con frecuencia es el contrario y la flor del hecho, de la cosa, se pierde en el jardín del discurso.

El efecto multiplicador de que cada idioma tenga palabras propias y distintas para expresar las mismas cosas, los mismos sentimientos o las mismas ideas complica más este farragoso asunto. Lo convierte literalmente en un mundo con sus matices propios en atención al origen de la palabra y a las modificaciones que el uso le adhiere.

Categoría especial ocupan las palabras de los políticos y de los predicadores, que presumen garantizada su veracidad por la supuesta bondad bipolar de su origen y de su fin, entendiéndose fin en el sentido temporal y en el de utilidad. O sea, el servicio a la «polis», por parte de unos, y, al ser el hombre la creación privilegiada de los dioses y los predicadores los pregoneros divinos, ellos, si les hacemos caso, nos traerán al mundo y nos llevarán de él empaquetados en una felicidad eterna que no se puede aguantar.

La palabra infraestructura encierra una complejidad paradigmática en cuanto a su uso y comprensión. Todos estaríamos de acuerdo con relativa facilidad en aceptar que una estructura es el número y distribución de partes indispensables para componer un todo. El prefijo «infra», su polivalencia, permitirá sin embargo que algunas de sus lecturas puedan significar exactamente lo contrario. En este, y en otros casos, se da lo que podríamos considerar la desnaturalización de una palabra y el consiguiente uso interesado que de esa palabra pueda hacerse.

Infraestructura parece ser el fundamento conceptual o físico de cualquier estructura; pero, leída la palabra con otra intención, podría extraerse de ella que el sostén y/u organización de la misma han resultado ser insuficientes, defectuosos, un fraude, primando así la lectura cualitativa a la meramente física de la posición de sostén reservada a lo que está por debajo de los elementos que debe sujetar.

Es palabra esta que suele aplicarse a elementos físicos, reservándose la de estructura tanto a elementos palpables —como la de un edificio—, artísticos —la de una obra musical, la de una novela— o científicas —la del átomo o la del esqueleto, por ejemplo—.

Yo postulo, sin embargo, que a las estructuras morales, mentales y a sus madres —las sociales, las ideológicas, las económicas...— no les vendrían mal unas sólidas infraestructuras cargadas de razones extraídas tanto de la experiencia como del análisis; tanto de la solidaridad como del instinto de supervivencia y más del nosotros que del yo.

Lo digo porque hoy he comido con unas amigas infraestructuras que se quejaban de su infravaloración, de su infrautilización y, matizando que no pretenderían nunca llegar a superestructuras, sí que querían dejar clara su perplejidad ante hecho tan bizarro.

Usemos las palabras adecuadamente. Vivimos una cultura espantosa, mezquina, egoísta, de negruras inconfesables. Estamos viviendo una cultura económica, de aves rapaces y de carroñeros a los que les importa un verdadero carajo cómo puedan resultar en la sociedad las gestiones que hacen. Estamos inmersos en la trampa, la mentira y el negocio del caiga quien caiga. Se sacralizan palabras como mercado. Se dicen tonterías como que es equilibrador cuando el mercado es rapaz. Y la rapacidad quiere decir que el poderoso puede con el no poderoso siempre. Aunque hay poderosos tan tontos que, aun siendo poderosos, pierden. Y en España ha habido casos absolutamente ilustrativos de lo que digo. Pero no es lo suyo. Es mucho más fácil ver perder al que ha sido perdedor toda la vida, y se le quiere condenar a que lo siga siendo, que al poderoso que mete la pata casi siempre por ambición.

¿Es la cultura gratis? La cultura es lo que estamos viviendo. Es lo que se produce de una manera natural de la aplicación de los principios generales de una civilización que va en contra de la naturaleza humana, que siempre va a favor del corto plazo. Y eso, a lo único que lleva es a la humillación del resto de seres humanos, de quienes no tienen el poder para beneficiarse de él.

Los productos culturales, que es de lo que estamos hablando en realidad, son eso, productos. Y requieren una manipulación técnica, requieren una manipulación comercial, requieren que se cree un ámbito apropiado para ser recibidos como tales manufacturas culturales, y eso está hecho de un material costoso. A la cultura tiene acceso todo el mundo, y lo único que hay que hacer es aplicar sus sentidos. Y los aplicas y hueles la mierda en la que estamos viviendo con una facilidad impecable. ¿Quieres cultura? Vete a Lavapiés y observa cómo es la cultura en ese ámbito en el que cada vez se vive más en guetos —y con guetos me refiero tanto a minorías brillantes y fastuosas como a verdaderas bolsas de pobreza insostenibles desde el punto de vista de la dignidad humana—, y verás que es una cultura que vivimos saliendo a la calle. La producción cultural, sin embargo, es otra cosa.

¿El consumo de la cultura tiene que ser gratis? ¡Pero si ya la estás consumiendo! La estás consumiendo gratis y aunque no quieras la vas a consumir. Y vas a consumir pobreza como no está en los escritos. Ahora bien, lo normal es que si yo hago una reflexión de este tipo, la quiera cobrar. A mí me ha costado trabajo hacerme una cabeza que, salvo error u omisión, sirve para decir cosas que suponen un análisis de la realidad. Yo he hecho una inversión para conseguir unos resultados, que son tener una cabeza y una conciencia que me hacen sentirme más seguro en el mundo en el que vivo. Pero más seguro argumentalmente. Y por el discurso anterior creo que se comprende que no estoy nada seguro. Al revés, vivo a la intemperie de la peor manera y me las pueden dar por todas partes. Y de hecho, a veces lo procuran y a veces lo consiguen.

En 1938 Benito Perojo dirige y coproduce en Alemania *El barbero de Sevilla*, *Mariquilla Terremoto* y *Suspiros de España*. Es una contribución más del nazismo benefactor a la España en guerra. En la última de las películas citadas, Estrellita Castro, protagonista con Miguel Ligero de la misma, interpreta el pasodoble del maestro

Antonio Álvarez Alonso, con letra de su sobrino Juan Antonio Álvarez Cantos del que extrae título la película.

Con los años, *Suspiros de España,* con tres letras distintas, se convertirá en el himno de quienes por unas u otras razones —en el trasfondo de todas las del exilio político— se ven obligados a salir de España, rumbo, sobre todo, a Latinoamérica.

Los suspiros son inhalaciones muy profundas seguidas inmediatamente por una exhalación acompañada algunas veces —en los hechos de amor, pongo por caso— por un gemido. También son los suspiros o merengues unos dulces de clara de huevo y azúcar. Y, para no enredarnos más, suspiro se dice, por último, de aquello que dura solo una miajita, visto y no visto.

Frustración, aburrimiento, melancolía, decepción, tristeza, añoranza son, entre otros, los motivos más explícitos, según los investigadores, para que a alguien se le escape de vez en cuando un suspiro. Cuando estos excedentes del alma se acumulan en un sujeto, una comunidad, un tiempo, su vivencia jode. Jode mucho. Y uno procura lógicamente alejarse de las causas de tal mal.

En estos momentos, en España, se amontonan las razones para salir zumbando de su suelo y volver cuando el porvenir que se nos predica oficialmente se haya convertido milagrosamente en realidad. Pero tampoco la huida asegura rutas viables. El mal, el sistema —¿alguien duda todavía que este bendito sistema es ponzoñoso para la mayoría de la población?— no da oportunidades si no firmas con él tu entrega incondicional hasta la extenuación y sin garantías de que ello te reporte lo suficiente para vivir dignamente.

Cada vez menos personas trabajan en lo que quieren, en aquellos empeños para los que se han preparado, que más les gustan. Conseguir tal cosa se considera un privilegio y, arrumbados en intereses poco apetecibles, tendrán que buscar fuera del ámbito laboral —si es que el malganarse la subsistencia les deja tiempo— para encontrar otras compensaciones que les hagan la vida habitable.

Dependiendo del carácter y las fuerzas de cada uno —mermadas siempre— el españolito de hogaño se vierte en el suspiro o se desespera en el berrido.

Acosados por el ordeno y mando, prohíbo y condeno, se tiende desde hace tiempo al ejercicio de la real gana de cada uno, con desprecio absoluto e invasión impertinente del aire que necesita respirar el otro. El otro, en realidad, ha desaparecido. No consta su existencia. No interesa.

Los suspiros de esta España ya no son, no pueden ser, porque uno se aleje de ella como Estrellita Castro, sino porque ella, esta España, la no deseada ya, no se va de nosotros y deja de aburrirnos, por ejemplo, con matracas preelectorales bochornosas, ofensivas, estúpidas, o con cifras vestidas y atrezadas como pasos de Semana Santa, exhibidos a la veneración de los fieles. Ítem más: con robos, desfalcos, evasiones tributarias. Ítem más: con exhibiciones ostentosas del fruto de rapiñas pregonadas.

Nos ofrecen sus mandamases, eso sí y continuamente, suspiros amerengados, demasiado dulces, demasiado fláccidos, empalagosos. Perfectamente prescindibles. Aconsejablemente evitables.

¿Por qué no adoptan la tercera vía de la acepción y hacen estas lumbreras de su estancia en las cumbres del mando eso tan bueno de «durar un suspiro»?

La diosa Fortuna, como todas las diosas, es caprichosa. Y como caprichosa concede sus favores a aquellos de quienes se encapricha por caprichosas razones. En el caso español —siempre hay un caso español, y por eso llevamos decenas de años siendo diferentes y muy nuestros—, la diosa Fortuna concede sin ir más lejos en lo que a bienes muebles, inmuebles, innobles, inteligibles e incomprensibles, raíces, gananciales, complementarios, de consumo, sustitutivos, de capital o de matute a seres humanos al filo de lo zoológico más primitivo o, todo hay que decirlo, incluso a algunos con estudios, pero sin especial mérito si se les aplica cualquier lupa que al aumentar —ay, dolor— magnifica tanto las existencias como las carencias.

Prima facie, yo he llegado a la conclusión provisional —por si me equivoco y tengo que reconocer mi error— de que la tal Fortuna elige a los beneficiarios de sus favores en atención a un, en principio, extraño criterio: el peinado de los mismos. Por el manejo de su cabello, por la forma y lustre que le dan, por la manera como adecuan sus pelos de la cabeza al volumen y forma de la misma, por tanto detalle lindo como añaden al hecho, insignificante si no te fijas, de pasar el peine por el pelo mojado después de la ducha.

(O)diosa Fortuna, que te zurzan. A ver si tienes mejor ojo a la hora de elegir.

Yo HE escrito guiones de películas, colaboraciones en periódicos y revistas, algunos libros de ficción y este autobiográfico. Pero si algo he frecuentado con prodigalidad, ha sido la escritura de tuits, esos textos minúsculos de variada naturaleza y que, a estas alturas de curso suman más de ocho mil y han cosechado en mi caso más de ciento cincuenta mil seguidores. Una enormidad. Si, con ese bagaje, presento mi candidatura a la alcaldía de una población de menos de 24.000 habitantes, lo mismo salgo electo. Aunque, valga un inciso, no sé para qué. En mi Albacete natal si alguien te tendía su mano para estrechar la tuya, como saludo, y te descuidabas un poco, acercaba de un tirón su mano, presa en la tuya, a la bragueta de su pantalón, al tiempo que exclamaba satisfecho: «Ya eres alcalde».

Empecé a tuitear al darme cuenta de que existía en la red la posibilidad de escribir textos de no más de ciento cuarenta caracteres y que eso se difundía a través de móviles y ordenadores a toda marcha. Eso dividía a la clientela en tuiteros, meros lectores, que establecían o no un diálogo con otros tuiteros escritores, o tuiteros seguidores que te alaban, te desprecian, te adoran o te ningunean.

Yo creo que escriben tuits los entrometidos ingeniosos, los cascarrabias, los antisistema y algunos fachas chuletas y en posesión de la verdad verdadera y única. Y gente que busca enlace, llamémosle, sentimental.

Lo razonable, visto lo visto y oído lo oído, es estar radicalmente en contra del ochenta y tres por ciento de toda totalidad. Pero lo razonable está considerado hogaño como una debilidad impropia de hombres hechos y derechos.

Yo me enrollo con una facilidad pasmosa. La sujeción a los ciento cuarenta caracteres de un tuit me anima a escribir. Si me dejaran mano libre, lo mismo que escribo como «inteleto» me ocuparía un folio. Disfruto con lo de tuitear. Hace poco puse: «Hay mañanas que me levanto tutifruti y otras, panceta».

ME RATIFICO en que la trascendencia suele ser una tabarra, algo que escapa a las manos y las entendederas del hombre. Hay tuits muy poéticos, que, como poesía, trascienden mucho y con pocos medios, pocas letras, muy «baratos». Pongo tuits según se me ocurren. Otro: «El cine es sustancialmente un haz de luz en la oscuridad». Tuvo también repercusión: «Cuando salíamos Marilyn Monroe y yo, lo que más nos gustaba era irnos a un parque de Albacete, sentarnos en un banco y hablar de nuestras cosas». Y contesta uno: «¿Eres gilipollas o qué?». Por alguna razón no debía de comprender que eso fuera lo que más me gustase hacer con Marilyn.

Ahora, que me veo con Angela Merkel con cierta frecuencia, tampoco me entiende nadie.

Nos citamos en Andorra a la caída de la tarde, paseamos, nos cruzamos con personas acaudaladas que van allí a hacer inversiones lucrativas y a las que, conocidos que somos como asiduos al Principado, saludamos educadamente.

A veces, formamos un grupo reducido y cenamos en alguno de los excelentes restaurantes que hay allí. La cuenta la pagamos unos u otros indistintamente. Sin orden, el que antes se echa la mano al bolsillo. Angela no paga. Piensa que debe darnos esa oportunidad de mostrarnos galantes con ella. Especialmente a mí, al que me adjudica dos características muy propias de los españoles, según ella: galantes y gastones.

Putin tampoco paga, pero este no sabemos por qué lo hace, ni a qué viene a Andorra. No consta que se haya visto con Rajoy, aunque se rumoreó en un primer momento que ambos querían reunirse y ver de cerca si Andorra da para tanto como cuentan. Y tampoco se justifica el viaje por la existencia de un sastre del que le habían hablado muy bien y que le tiene cogidas las medidas.

Lo más frecuente es que Angela y yo cenemos los dos solos y casi siempre en su hotel. Son cenas largas durante las cuales hablamos la mayoría de las veces de la «Influencia de la correlación espacial de la velocidad de reacción bimolecular de reacciones elementales en los medios densos», tema de su tesis doctoral sobre química cuántica, por la que obtuvo un sobresaliente en 1986, y que, si no he entendido mal, quiere aplicar a los recortes que con tanta reiteración y eficacia recomienda para nuestro país.

Si esto tranquiliza a quienes me critican, les diré que, después de la cena, ella se retira honestamente a sus aposentos y yo me voy a mi hotel, mucho más modesto que el suyo. La verdad es que el que yo quería, y al que la invité en nuestro primer viaje, le pareció demasiado lujoso para un español y me lo recortó.

Nunca me ha gustado que nadie ejerza el poder omnímodo sobre mí. Estábamos empezando nuestra relación la Merkel y yo y di por bueno y bienintencionado el recorte que me hizo del hotel. Pero conforme va pasando el tiempo y a medida que aparecen en los poquísimos medios de comunicación, que en este país ejercen la crítica más ajustada de la situación, a la que nos han arrinconado quienes nos han creado la deuda externa en beneficio propio, para que se la devolvamos arruinando a nuestra sociedad y aupados por nuestros paisanos mentirosos compulsivos a fuer de zafios —es marca de la casa— al interpretar estadísticas a beneficio de inventario, con fe de mamporreros sin escrúpulos, no los trago. Me repugnan.

Lo mío con la cancillera ha sido, lo reconozco ahora, un sindiós y estoy casi seguro que, a día de hoy mi historia con Marilyn también hubiera sido distinta. Y llegar a semejante conclusión a estas alturas duele.

FERNANDO FERNÁN Gómez afirmaba que él era maniqueo. Que un hombre que hacía más cosas buenas que malas era bueno y que uno que hacía más malas que buenas era malo. Estoy de acuerdo con él. Y también estoy de acuerdo con él en que ser maniqueo no es bueno.

Los seres humanos somos muy poliédricos, aunque unos más que otros, y ello aconseja matizar para juzgar. Por lo tanto, si yo mandase el que más en el mundo, matizaría; pero a partir de la idea motriz de que hay buenos y malos, y que ambos están condenados a convivir o a ser anacoretas. Un anacoreta bueno vive de lo que le traen de comer los cuervos, y un anacoreta malo, de asaltar caminos. Difícil manera de supervivir en cualquiera de los dos casos. Mejor pues vivir en convivencia con la represión que eso comporta que con la antropológica tendencia a hacer cada uno lo que le salga de los güitos.

Pero aunque el maniqueísmo sea malo, en este párrafo, y leído lo antecedente, conviene afirmar ya que si yo fuera presidente, que no lo voy a ser, tendría mano dura para los malos y acariciaría los lomos de los buenos. A cada cual su trato. Por ejemplo, emprendería las medidas oportunas para prohibir inmediatamente el Opus Dei y fomentaría el baile. El agarrao. Y creo que ambas medidas no requieren muchas explicaciones. El Opus no hace falta ni vale para nada bueno y el baile agarrao hace mucha falta y vale para lo que vale, que no es poco.

También sería obligatorio depositar ante notario el programa electoral de quienes pretendan gobernar. Y al segundo incumplimiento de una promesa del mismo, tendría que dimitir quien fuera el gobernante trapacero. Al primer incumplimiento, no. Por cautela. Por si la promesa era una chorrada y es mejor que no se haya cumplido o por si el pueblo soberano, siempre más comprensivo que los mandamases, decide ejercer esa potestad democrática.

Los neocatecúmenos o kikos también serían prohibidos. En este caso porque Kiko Argüello, su fundador, pinta fatal. Es muy mal pintor y, aunque La Almudena no sea ninguna joya, los frescos que le endilgó Argüello son muy muy malos. No tienen suerte los fieles capitalinos. La catedral madrileña, vista desde lejos, en el horizonte donde luciera el alcázar moro, con su cúpula desproporcionadísima y las dos torrecitas que encabezan el edificio, toda ella parece un caracol, pero es que, cuando entras, si no eres de Bizancio, no entiendes nada. Es imposible que esas pinturas neobizantinas se las haya inspirado Dios a Kiko, por más que él asegure que mantiene continuo y dicharachero contacto con el Creador.

El tercer miembro de esta efervescente Santa Trinidad, añadido a Opus y Camino Neocatecumenal, es La Legión de Cristo. Marcial Maciel, su fundador en 1941, confeso abusador de niños y jóvenes durante toda su vida, se convirtió en el máximo exponente de la pederastia eclesiástica; y aunque uno no quiere, mande o no mande, ser más papista que el papa, aprovecharé que varios de los ocupantes de la sede de San Pedro los han condenado, para no ser menos que ellos y condenarlos a mi vez. Réprobos, ventajistas, bien podréis con los niños. Atreveos con un legionario de verdad. O con la cabra.

Veamos ahora cómo gobernaría yo, que no voy a gobernar, para los regulares. ¿Ven como matizo? Estos son peor que los buenos y mejores que los malos. El paradigma de esta población son los deportistas. *Mens sana in corpore sano.* No a los recortes en Sanidad, ni en Educación, ni en Cultura. De acuerdo. ¿Pero tiene algo de especialmente virtuoso, emulable, incentivable, el ser el que más...? ¿El que primero...? ¿El único que...? No. Rotundamente no. Y dentro de esta pretenciosa fauna los peores de todos son los culminacumbres y los que se empozan en cuevas hasta el centro de la tierra o sus proximidades. ¿Para qué? ¿Qué mérito es ese que encuentra su expresión en lo ordinal, en lo cuantitativo, en mojarle la oreja al de al lado, al de enfrente o al de detrás? Ya digo que me niego. Primero por razones históricas: me crie y me desarrollé como niño, adolescente y adulto gordo. Nada de deporte. Nunca lo eché de menos. No fui ni soy ni seré competitivo. Los méritos que valoro no son mensurables. ¿Por qué hay que subir cumbres o descender a las profundidades marinas o terrestres? ¿No es elogiable la superficie plana? *In medio virtus.* Lo regular, los regulares, por definición, estarían en ese *medio*, y por eso creo que no hay que ser muy coercitivo con ellos, pero tampoco reírles las gracias. Ah, y a los deportistas de élite, los de las grandes competiciones —léase fútbol en nuestros lares—, ni un privilegio. Son millonarios en calzoncillos, productos financieros, y como tales hay que tratarlos.

¿Y para los buenos? Dejarlos a su aire. Manga ancha. Y premios a sus buenas obras. ¿Que son buenos cultos? Un par de libros de los míos editados por Pepitas. ¿Que son buenos iletrados? Dos botellitas de Sanclodio, un ribeiro muy rico que hago yo.

Perdón. ¿Ven como no puedo presentarme a presidente omnímodo? Haría publicidad de mis productos en cada discurso. Fin de este sofoco. Que me está entrando frío.

En ningún caso editaría mi perfil. Daría la cara.

Me voy a poner donde nos quieren. En La Inopia misma. Donde nos quieren y donde, científicamente comprobable, resultados electorales vistos, nos hemos colocado. El noble pueblo español —mejor dicho: noblote—; aunque cada vez que se dirigen a nosotros lo hagan con el saleroso vocativo «Estimados gilipollas», el noblote auditorio, digo, lo acepta, lo da por inevitable, razonable, adecuado y hasta conveniente para los intereses patrios.

Cualquiera de los resultados estadísticos con que abanderan su bien hacer estos tramposos no admite la mas mínima verosimilitud si lo sometes al cedazo del contexto y, homenaje al aniversario de Einstein, de la relatividad. Sintetizo: un asalariado de una hora al día es un parado de siete horas diarias. Magnitudes a considerar: horas contratadas al mes. Horas trabajadas, que no es lo mismo. Importe de la percepción salarial mensual. Por primera vez en España, en cuantía nunca vista hasta ahora, un asalariado no puede vivir con su salario.

José Luis Cuerda, enviado especial a La Inopia.

UNO SE HACE VIEJO MAYORMENTE POR LAS NOCHES

(EL AÑO DEL JABALÍ)

1947 NO FUE EN absoluto un año cualquiera, fue un año con la singular característica astrológica, según el horóscopo chino, de ser el año del jabalí, o cerdo —con perdón— en su versión más domesticada. Probablemente más de un gallego diría que el cerdo es digno de conmemoración hasta el punto de que se le dedique un año especial de cada doce transcurridos; es decir, mucho más que esas abundantes conmemoraciones de un día establecidas a troche y moche por la Unesco que aluden a cosas como la infancia, la mujer trabajadora, el enfermo de sida o el día del oligofrénico bípedo, conmemoraciones tan prolíficas como intrascendentes que dejan más bien *in albis* al ciudadano de a pie. Pero el cerdo es otra cosa. Un gallego amigo mío decía que del cerdo le gustaban hasta los andares, o aquella anécdota mil veces recogida pero de la que sin duda su versión más conseguida fue la que el inolvidable Julio Camba nos dejó en su libro *La casa de Lúculo,* cuando recordaba aquella pregunta dirigida a un paisano gallego: «¿Qué ave le gusta más?». Ante la cual, calmoso y socarrón, respondió con humor cantábrico-galaico: «*Si os cochos voaran non había ave que lle igualara*».

En realidad no todos los pueblos del ancho mundo han amado tanto a los cerdos o jabalíes domesticados como los gallegos. El simbolismo del jabalí es ambivalente: por un lado simboliza aquel valor y coraje irracional que incluso puede conducir al suicidio; y por el otro, al desenfreno y los bajos instintos. Así pues, dos variantes diferentes para un mismo animal, según su estado salvaje o domesticado: el cerdo con el desenfreno y el jabalí con el coraje.

La Antigüedad clásica no tuvo muy buena opinión del jabalí ni de su versión domesticada. Símbolo de lujuria, fue utilizado como tal por Aristófanes, aunque también simboliza la pereza y la gula, el jabalí estaba desprestigiado sin remedio.

La tercera hazaña de Hércules se refiere a la captura de dos animales, uno suave y veloz, y turbulento y peligroso el otro: la cierva Cerinitis y el jabalí de Erimanto.

La cultura germánica primitiva presenta, al igual que en la leyenda griega de los trabajos de Hércules, una imagen iniciática negativa del jabalí; se narra así de la existencia en el Valhalla del feroz Saehrimnir, un jabalí que vuelve a la vida para ser cazado por los héroes nórdicos y cumplir los ciclos de la vida.

Y queda, como no, una incursión por la cultura celta, últimamente de moda en países como Galicia, con un pretendido pero discutible entronque celta. Por una serie de datos de carácter tradicional, no ligados a la antropología académica, se sabe que, entre los celtas, el jabalí y la osa simbolizaban respectivamente a los representantes de la autoridad espiritual y a los del poder temporal; es decir, a las dos castas, los druidas y los caballeros, equivalentes, por lo menos originariamente y en sus atribuciones esenciales, a lo que son en la India las de los brahmanes *y* los kshatriya.

Estos viejos símbolos sagrados de la cultura celta tienen en Galicia su mejor exponente en la iglesia de San Francisco de Betanzos, en donde figuran dos espléndidas esculturas del jabalí y la osa en el panteón de los señores de Andrade.

Igualmente se debe notar la importancia dada al símbolo del jabalí en la tradición hindú —muy anterior a la tradición celta—, que a su vez procede directamente de la Tradición. Para la tradición china, el jabalí es el último de los doce animales del horóscopo. Y así, como hemos visto que en el Occidente de la antigüedad clásica y medieval este animal representa características negativas del tipo de la pereza, la glotonería y el desaliño, para la cultura taoísta china, proclive al término medio entre los extremos, tiene también unas connotaciones similares a la cultura hindú y a la más antigua tradición celta en cuanto se considera símbolo de valentía, de devoción y dedicación.

Así, en sutil equilibrio entre Oriente y Occidente, la vieja cultura taoísta china suministra algunas claves para la interpretación simbólica del jabalí que acaso nos ilumine algo sobre la suerte que nos cabe a los que nacimos bajo ese signo; a manera de síntesis podríamos resumir lo excelso de nuestra condición de jabalíes con el siguiente poema:

JABALÍ

De todos los hijos de Dios
yo tengo el corazón más puro.
Con inocencia y fe
yo camino en la luz protectora del Amor.
Dando de mí mismo generosamente
yo soy más rico
y doblemente afortunado.
Unido a toda la humanidad
por el compañerismo común,
mi buena voluntad es universal.
Y no conoce límites.
¡YO SOY JABALÍ!

Claro que se podría sospechar que la condición de jabalí hace juez y parte, y así no se puede pasar sino de una alabanza filistea poco honesta con la serenidad de una consideración sabia del asunto. En cualquier caso, es evidente que los nacidos el año del jabalí 1947 somos un dechado de virtudes y debemos perder el tiempo escuchando críticas bajunas, las más de las veces producto de rastreras envidias.

Símbolo el jabalí de la casta sacerdotal o druídica, no es nada raro que los nacidos bajo su signo tengan una tendencia innata al cultivo de la sabiduría, que en su aspecto más externo puede manifestarse como amor al estudio. No en vano, a los nacidos bajo este signo se los designa como eternos estudiantes, lo que en un país como el nuestro poco amigo de la letra negra impresa puede dar lugar a ataques desmesurados por parte de la gente ágrafa o grafofóbica. Producto de esta afición a la sabiduría, propende a una comprensión no extremadamente flexible sino que es, a veces, demasiado crédulo, inocente y generoso con la componente de rectitud y de justicia; lo que en este mundo pícaro y traidor hace que el buen jabalí crea vivir en el mejor de los mundos; es decir, que se comporta cual Antoñita la Fantástica, llegando a creer en milagros y fábulas bienintencionadas del tipo de que los burros vuelan gráciles por entre nubes rosadas, con el agravante de un romanticismo desatado aunque un poco melancólico, que le hace incondicional de valses, tangos, boleros y coplas antiguas cantadas por cantantes castizas y macizas, con el resultado fatal de que cualquier desaprensivo con mala intención le lleva al huerto con toda facilidad. Todos los jabalíes sabemos algo de eso.

Las reacciones a estas catástrofes de confianza simple y abierta suelen ser de un salvajismo atroz e imprevisible, pero afortunadamente brevísimas. Este acervo de bofetadas que acumula todo jabalí que se precie en su currículo vital propende a hacerlo proclive a la decepción, y a veces incluso al fatalismo, que instintivamente compensa con un sentido del humor innato, que se nota especialmente en un país amante de lo porcino como es Galicia.

Claro que no hay que creerse que estos jabalíes se comportan siempre como ingenuos pollinos que cobran más que el payaso de las bofetadas; en demasiadas ocasiones, ante las inevitables situaciones confusas que presenta la vida, y al socaire de lo que creen justo e indiscutible, adoptan actitudes sinceras, frontales, de embestida y carentes de segundas intenciones, lo que se puede condensar en una frase que me aplicaba con muy poca piedad un viejo amigo: «Directo y a la cabeza». Evidentemente, tales comportamientos restan bastantes amigos a los jabalíes, por más que en ocasiones posean el don de la seducción; de esta guisa, el jabalí es perfectamente nulo para la política, la diplomacia y el comercio chanchullero y gitanesco. No está claro si el inquisidor Torquemada fue del signo del jabalí.

En lo que se refiere a las gratificaciones placenteras de la vida, un jabalí —a menos que se modere— puede llegar a comportarse como el perfecto cerdo que es en el fondo, con los excesos hediondos que hagan falta. Precisamente, la generación jabata del 47 vio en el transcurso de su vida tránsitos radicales de mojigatos e hipócritas moralismos nacionalcatólicos, vigilancias y restricciones familiares de horarios y amistades, seminarios, colegios religiosos y militancia en la Acción Católica, Semanas Santas de paños morados y música sacra en la radio, servidumbres degradantes de milis y servicio social, mínimos monetarios y otras estrecheces al desarrollismo minifaldero de finales de los sesenta, destapes varios, desinhibiciones de tabúes y pudores seculares, agnosticismos complacientes y epicúreos, píldora, *sex-shop*, educación sexual laica, aborto, promiscuidades varias, transexualidad y homosexualismo, y otra serie de conquistas y progresos que a los chapados a la antigua nos dejan un poco patidifusos y confusos, pero que a lo mejor han hecho las delicias de más de un jabalí; aunque siempre queda la duda de si la irrupción misteriosa y extraña del amor tiene algo que ver con la profusión de numerosas vías desinhibidas que trata de ofrecer el mundo moderno. En suma, el viejo problema de si la cantidad puede alcanzar la cualidad.

No conviene pasar por alto que una característica del jabalí varón es su necesidad de dominar a su pareja o cónyuge, exigiendo sumisión absoluta e incondicional, como las antiguas esclavas del Daguestán. Hablado en plata, el jabalí es un sultán, un ayatolá, y celoso como el moro Otelo, es decir que en lo más profundo de su ser no tiene nada que hacer con los modernos comportamientos libres, abiertos y tolerantes hoy día propugnados; el jabalí tiene colmillos, pero no cuernos; olvidar este detalle es ir contra natura. Mal lo lleva el jabalí varón en este siglo de feminismos radicales y rampantes. Para un jabalí varón, lo suyo es un serrallo en la Constantinopla del imperio turco, un harén en la persa Ispahán, o unas huríes terrenales en la pakistaní Lahore; hay que reconocerlo, nuestra más íntima querencia sexual es políticamente incorrecta, carca a más no poder y de un retrogradismo cavernario que, aunque tratamos de ocultar para parecer modernos y casquivanos, no pasa desapercibido a los observadores perspicaces.

Además de todo esto, el jabalí tiene un aspecto de soledad, de aislamiento y de misterio que para su desesperación conocen bien los cazadores. La casta sacerdotal o druídica, simbolizada por el jabalí en cuanto mediadora con la trascendencia del mundo espiritual, es en gran medida opaca al mundo. Así, los jabalíes a veces resultan extrañamente enigmáticos y místicos, pues su imaginación los lleva a quedarse en silencio por bastante tiempo para resolver alguna cuestión vital para ellos; cónyuges y allegados llegan incluso a considerar la necesidad de llamar a urgencias del hospital psiquiátrico para remediar los trances más agudos. Es importante entender este punto, puesto que la aparente inseguridad que muchos cerdos transmiten no es tal, sino que es producto de una reflexión tal vez excesiva. En situaciones vitalmente acuciantes todo lo piensan dos veces y, si son además gallegos, lo piensan dos docenas de veces.

Cuando no se conoce el percal parece que solo es posible una relación superficial, aunque simpática y alegre, con el jabalí. La realidad es muy otra: la reserva del jabalí alcanza los límites del hermetismo absoluto. La propia relación sencilla y humorística suele impedir mayores profundidades. Pero si es necesario, se preocupa muy mucho en impedir que se tejan comentarios de su persona, valiéndose de la dignidad, la reserva y repulsión de la intimidad con otras personas, a quienes nada dice de él mismo. Lejos de ostentaciones y presunciones, el jabalí no trata de deslumbrar a nadie, sino más bien de pasar desapercibido. Si se trata de profundizar, se puede descubrir que el simpático y seductor jabalí puede ser un insociable de tres pares de narices.

A todo lo anterior se debe añadir la reacción rápida de huida del jabalí, como buen animal selvático que es, ante los peligros traicioneros, ante el descuido culpable o ante lo que cree monstruosa y vil equivocación. Nada de esto es óbice para que, cuando tenga una idea o proyecto que crea adecuada y rompedora, irrumpa sin miramientos a exponer la posibilidad de una transmutación radical desde el silencio o desde lo desconocido. Aunque no lo quiera reconocer, nunca lleva permanentemente en sí el riesgo del cambio y la ruptura. Paradójicamente, en su sencillez, inocencia y simpatía, es el animal más desconcertante del horóscopo chino.

¡Arrea con los jabalíes!
Nuestros colores: azul y verde pálido.
Nuestras plantas: acacia, lavanda y avellano.
Nuestras flores: la retama.

Cuando veáis que vuestros compañeros, colegas y amigos están a la par en vejez y obsolescencia, tripas prominentes, calvas menesterosas, venerables canas, cojeras imposibles de amaestrar o enfermedades degenerativas, entre otras catástrofes saturniles, os iréis convenciendo cada vez más, e incluso estimaréis en su justo valor la conveniencia de abofetear al primer baboso lisonjero que os diga: «¡Que joven estás!» o «¡No aparentas la edad que tienes!».

Decía Cicerón en su discurso *De Senectute* —donde ya compendiaba todos los lugares comunes y simplezas de los discursos para edades venerables—, algunas cosas interesantes:

> Las edades se pueden comparar con los vinos
> no todos se amargan por añejos
> no toda edad se aceda por avanzada.

Un maestro zen veía barrer a un monje, y dijo este: «Hay alguien que no barre». Se podría añadir: hay alguien que no cumple años, hay alguien que no accede a la tercera edad, y aún más, como dice el sutra del corazón, hay alguien que no muere. Ese, en lo más profundo de todo, es lo que precisamente es cada uno. No otra cosa dice la sabiduría de todos los tiempos: «Sé quién eres».

¿Cómo se puede ser optimista en el mundo en el que vivimos? Soy mayor, tengo más experiencia y me vuelvo más pesimista. El tonto más tonto de la creación es el milmillonario, que parece que no sabe que no podrá disfrutar de los milmillones que quiere amontonar, porque se va a morir antes.

Nos vamos muriendo con demasiada frecuencia y con demasiada facilidad, y es una pena, porque entre los nuestros estaban algunos de los mejores, como Julio. Los padres de mi generación nos debieron de manufacturar con prisas por si llegaba otra guerra o con la ansiedad perentoria del gozo, después de tanta iniquidad, y salimos defectuosos, pergeñados con materiales de derribo. Quizás por eso se nos mueren los amigos a chorros y, probablemente, con el disgusto que da morirse, cabreados, sin consideraciones, a toda prisa, sabiendo de todas todas que, si nos pidieran permiso para irse, no se lo daríamos.

Cada paso que daba Javier Pereda era como un hecho fundacional. Me refiero ahora a sus pasos físicos, los que daba con los pies, tan morosos, tan premeditados en apariencia. Desde que desplazaba uno de sus zapatones habitados hasta que lo adelantaba el siguiente, en marcha siempre pausada y bamboleante, parecía transcurrir un siglo con sus batallas, sus pacificaciones, sus amores, sus abandonos, risas, lágrimas, arrebatos y quiebros del corazón, del espinazo incluso.

Creo que la vida de Javier fue un no parar, quedo si se quiere, casi invisible —a pesar del volumen impresionante que desplazaba—, pero ininterrumpido y agotador. No sé cómo trabajaba en el estudio. Me imagino que con un vaso de algo fresco al alcance de la mano y la radio puesta, como tantos; ni tampoco lo acompañé en ninguna montería, pero lo he visto cazar en los pasillos, en los cafés conspiratorios, en los despachos asilvestrados, y lo he visto pintar cuadros magníficos sin lienzo ni óleos, con lo mejor de sus sentimientos puesto a disposición de sus amigos. Existía, era, estaba, ocupándolos al cien por cien como hacemos los gordos, en pasillos o montes, permeable a cuanto se mueve y respira —para el bien y para el mal—, abierto al abrazo o, por contra, en formación de batalla él solo —más solo que la una de vez en cuando—, a punto de arremeter contra molinos de viento académicos o artísticos, que casi siempre eran verdaderos cabestros de cuerno bullicioso, traidor y certero.

El hervidero de proyectos e ilusiones que almacenaba cuando yo lo conocí, decano él de la Facultad de Bellas Artes de Salamanca y yo a la espera de dirigir *El bosque animado*, fue uno de esos otros momentos fundacionales —en este caso del alma individual— durante los que Javier arramblaba con lo que se le pusiera por delante. Y así, a empujones de amistad —y contento yo por ello—, me transportó hasta aquel caserón salmantino, compartido —¿y de qué nos sirvió si seguimos sin remedio?— con la Facultad de Psicología. Fueron de los mejores tiempos de mi vida. Hablábamos mucho, dormíamos poquísimo y dábamos clases interminables en las que impartíamos doctrina extensa e intensa sobre cómo acercarse a las cosas del arte y de la vida, más que cómo hacerse con ellas y sacarles un sueldo. Creo que hicimos más amigos y compañeros de indagaciones, no siempre académicas, que alumnos aplicados. Y, a la postre, se desbarató todo.

Él en Madrid ya; yo, en el cine. Esperanza, mi mujer, con él en la Fundación Banesto, las becas de pintura, Mario Conde, las alturas, la caída. Y los amigos —las Martas, Carlos, Marisol, los alumnos de la primera promoción—, todos en diáspora.

Javier Pereda se parecía físicamente al león de *El mago de Oz* y, como él, por los espacios cordiales que habitó y habita, será recordado siempre por quienes lo quisimos con leal ternura.

Pereda pintaba lo que a mí me gusta: deconstrucciones. Trozos de cuerpos —vivos de tan expresivos, a pesar de su visible imposibilidad—, trozos de cosas y de circunstancias. Retales agregados unos a otros, inseparables aunque hirientes, estorbos constitutivos sin los cuales la figura, el cacharro, el vegetal, uno mismo, estaría mejor, pero dejaría de ser. Animales, vegetales, minerales, artefactos incluso, descoyuntados. Potenciales irresolutos.

Yo guardo de Javier Pereda una litografía de un ser espeluznante —hombre o mujer, que parece que se ríe a lo tonto, o que se está muriendo— con un tapacabezas —boina, paraguas o moña en forma de ensaimada— que lo libra de la lluvia de cintura para arriba y que, de cintura para abajo, lo convierte a él mismo en cuerpo/lluvia muy goteante —o, quizás, lo que me parecen gotas/rayas no sean sino pautas gráficas de pasos que da, para más joder, con cuatro o cinco patejas amuñonadas—. Hay rayos y truenos en las alturas, un perrote/cochinillo, patas arriba en el suelo, una mariposa rota y otro ser, yo creo que lascivo —aunque escribo de memoria—, que le propone coyunda muy detalladamente —si no es imaginación mía—, al ser citado en primer lugar.

Tengo también una acuarela de un paisaje nocturno a la luz de la luna, sorprendentemente ordenado, quieto, ideal, imposible. Como si hubiese sido pintado en el transcurso del más plácido de los sueños, agotado su autor de vivir el día y habitante feliz de una población mental, sin casas rurales de menú típico, ni centro de interpretación de la naturaleza, ni plan de recalificación de terrenos, sin ni siquiera coto de caza —por más que a él le gustase el arte venatorio—. Una aldea de nadie y para nada. Para ser escuetamente en ella y para dormir sus noches. A pleno ronquido eficaz.

Y otro cuadro, el más grande, regalo de él por escribir algo similar a esto y por ser amigos, acrílico sobre papel, de una mujer desnuda, tendida en hamaca. Duerme, dormita, se aísla —ojos cerrados— ella, a la luz del día, con ánimo escaso, sin paisaje, sin aldea, sin nadie. Se ve su soledad en que el color de la piel, sus sombras, es verde moho, huellas verdes de mucha y muy añosa soledad. Duerme o descansa, o se desmaya o cierra los ojos para no ver lo que hay que ver, o sufre serena, o recuerda, también serena, los mejores momentos de su cuerpo desnudo —se ve esto en la plenitud de sus caderas y en las nalgas golosas—, posiblemente lejos ya. Tiene esta mujer en su perspectiva forma de nido que anidase a su vez en la hamaca que la recoge. Y nos ofrece —sin que ni tú, lector, ni yo nos lo merezcamos— acogimiento en su cúpula sexual, concavidad que es, en su centro, esencia del cuadro y de todo.

Y tengo, por último, una acuarela de la serie *Tarde en la piscina*.

La acuarela plasma en perspectiva caballera una pileta de baños con calles bien pautadas, como para que en ella compitan los nadadores. Debe de ser —excluido un leve terremoto— una brisa ligera la que desdibuja a trechos las líneas demarcadoras, como las cuerdas de un instrumento musical que vibran pulsadas por alguien que ya no está. De hecho, no hay nadie ni en el interior de la pileta ni en ninguna de sus márgenes, y únicamente mediante la evocación se pueden recordar los gritos de los niños que corren persiguiéndose, los chapuzones en el agua, algún canturreo, el chasquido de un primer beso arrebatado a la compañera adolescente, la canción del verano que sale del transistor, la vida que fue. Y es que la piscina está ahora, allí, enmarcada, definitivamente vacía. Sin ni siquiera él.

Hablé por teléfono con Julio Madurga días antes de que volviera a Madrid con los suyos, interrumpiendo de muy mala gana un rodaje con Saura y con Storaro. No me dijo que se sintiera mal. Al revés. Acababa de hacer la compra en un supermercado e iba camino de un apartamento en el que vivía «solo y muy a gusto», me dijo.

Desde su discreción paradigmática, desde su pudor, desde su elegancia, desde su respeto, en suma, a sí mismo y a los demás, Julio practicaba la soledad y el silencio con una especie de amor artesano. Eran soledades y silencios bien hechos, con verdad y muy sinceros, y, por lo tanto, también, con las imprescindibles gateras o agujeritos para intimar con quienes quería. No recuerdo nunca a Julio «pintando la mona», ejercicio este tan practicado por quienes acceden a nuestro oficio de peliculeros. Julio trabajaba bien, a la sombra donde se coloca siempre la cámara en el bosquecillo de aparatos luminosos que dispone el director de fotografía. No elevaba la voz, no se hacía ver. Era adecuado, hecho a la costumbre de acertar con el objetivo, con la altura del trípode, con el movimiento de cámara, con lo que de él necesitaba la película.

En los últimos años Julio, con el que intentaba siempre que fuera mi operador, y yo nos tratábamos más como amigos que como profesionales. Viajábamos mucho aquí, a Galicia, me echaba una mano en cincuenta cosas sobre las que sabía más que yo y que hacía mejor. Era de una generosidad total, habilidoso y paciente en la medida inversa a lo que yo no lo soy. Algunos de los que están ahí saben que la paciencia no es mi principal virtud y, a muchos de esos algunos les he tenido que pedir perdón segundos después de haberles hecho víctimas de mis arrebatos. «¡Que le da, que le da!», susurraba a quien tuviera a su lado Sergio Burman muchas veces cuando se avecinaba uno de estos.

Cuando preparábamos *Los girasoles ciegos* le pedí a Emiliano Otegui que me facilitara un visor para las localizaciones. En realidad, lo chantajeé diciéndole que a Amenábar le habían —le habíamos— regalado uno en su segunda película y a mí, nada, con las que llevábamos hechas juntos, etcétera, etcétera. A los pocos días vinieron a mi casa de Galicia él y Julio y me trajeron el visor. Era un paquete del tamaño de una mesita de noche, perfectamente envuelto y que, ante mi sorpresa por semejante volumen, fue defendido por Julio con base en argumentos técnicos de una brillantez incontestable: sin duda era grande, y su manejo y transportabilidad, un poco embarazosos. Esto último estaba salvado porque, de fábrica, venía ya con un carrito de ruedas neumáticas y unos sistemas de amarre del artefacto al carro muy ingeniosos. Los objetivos eran ultraluminosos, calibrados a la perfección, alemanes, vamos, y... Yo no podía creer que Emiliano y Julio trajeran semejante cosa. Y empecé a cabrearme. Me dijeron entonces, para evitarlo: «No te quejes, que te lo regalamos, como a Amenábar, y nos ha costado un huevo». A punto estaba yo de reclamarles el otro, cuando me animaron a abrir el paquete: «Verás cómo te gusta». Era un excelente visor a tamaño real, o sea, de doce centímetros de largo por seis de diámetro, envuelto en poliespán, periódicos, papeles de distinta procedencia y algunas virutas, y metido en tan gigantesca caja para reírse de mí como se rieron. Lo usé en *Los girasoles ciegos* y, desde ahora, será bastante más que un visor. Será una lente a través de la cual estaré obligado a ver los encuadres con la justeza, la transparencia, la precisión y el buen gusto con que los veía Julio.

Fernando Almela era un pésimo enfermo. Le cabreaban hasta la desesperación las reclusiones y en los últimos años, como para llevar la contraria a su endeblez física y afirmar lo nervudo de sus adentros, se había dedicado a viajar por todo el mundo —con cariño especial al continente asiático y a la América de antes de Colón—. Fueron expediciones cada vez más aventureras y más contraindicadas para su salud. Pero le venían muy bien a la parte voluntariosa de sus adentros y a su avidez sensorial. Diría yo que le eran imprescindibles. Porque los adentros de Fernando, repletos de exquisiteces literarias, musicales, plásticas y cinematográficas —veía muchas más películas que yo—, estaban especialmente abiertos a los colores, los sabores, las temperaturas, la humedad, la aridez y el olor de esos lugares que visitaba, después de informarse a conciencia de lo que había que ver, comer o huir en cada uno de ellos.

Conocí a Fernando Almela en la Galería Egam de Madrid, donde exponía al cuidado fraternal de su dueño, Enrique Gómez Acebo. Al principio con Alberto Solsona, su compañero, fallecido hace años, y luego solo. Los dos compartían la vida, la avidez por el conocimiento de cuanto ocurría en el mundo de la pintura y no pocas discusiones teóricas que ellos se tomaban muy en serio. También la música que sonaba ininterrumpidamente en su estudio y en su casa. Mi mujer trabajó durante muchos años en Egam y tenía un especial cariño a Fernando y a Alberto. Pasar a la amistad con ellos fue un privilegio.

De Solsona son los cuadros enormes que pinta Antonio Resines en *Pares y nones,* mi primera película, y una de sus últimas obras, un espléndido y terrible óleo pintado con gestos rotundos y desesperados cuando ya sabía la inmediatez de su muerte, preside la entrada a mi casa de Galicia. Paradójicamente, las formas que pueden adivinarse allí dentro aluden a algún motivo floral que añade ternura a la obra.

Almela transitó en sus sucesivas etapas como pintor entre las resonancias de lo que en cada momento más le atraía o le convencía. Eso sí, nunca cayó en imitaciones ni en tentaciones instalacionistas ni en lo conceptual neto.

Ni soy crítico de arte ni lo quiero ser. Me he acercado a la obra de Almela por el gusto de verla, de tenerla cerca, en mis paredes, y de pensarla. Lo último de él, que yo conozco, revisita a Morandi preferentemente en lo que el maestro deja aludido, confuso o confundido entre sus recipientes simplicísimos, franciscanos. Almela pinta fondos y desnudamente deja en blanco los objetos, lo sustancial tantas veces fútil y en donde nosotros proyectamos sentido, acertadamente o no.

Sus obras, especialmente unos dibujos a carboncillo de exquisitez oriental en los que el claroscuro de lo vacío-lleno adquiere plenitud, se identificarían con esas imágenes que la persistencia retiniana nos deja en la cueva del cráneo al cerrar los ojos. Son algo parecido al negativo de lo que acabamos de ver, pero son ya imágenes nuestras de manera casi biológica. Almela sabría ponerles la música que merecen. Yo no.

También guisaba muy bien los arroces y cuidaba los jardines como nadie. Tenía nenúfares y tortugas diminutas, y hasta hace unos días preparaba una exposición de escultura.

«Productor de cine muerto a los noventa y cuatro años de edad por dificultades respiratorias» es un titular perfectamente comprensible, asumible. Yo diría, incluso, que es un titular que expresa a la perfección, en su laconismo, que el tal productor ha disfrutado de una salud pétrea, un aguante admirable; sobre todo si se tiene en cuenta lo que le oí decir una vez a su compatriota Rossellini: «Para hacer cine hay que tener el escroto —tantas veces percutido, añado yo— de hierro».

Carlo Ponti murió a esa edad, después de producir unas cuarenta películas, muchas de ellas memorables, y de estar casado dos veces. La segunda, por poderes, en México, para no ser acusado de bígamo, con Sophia Loren, hecho del que ambos, representados allí por dos abogados, se enteraron por las crónicas de sociedad de los periódicos. Quienes, adolescentes como yo, veíamos fotos de la pareja en los años cincuenta la mirábamos a ella, lo mirábamos a él, volvíamos a mirarla a ella y volvíamos a mirarlo a él... Y no entendíamos nada. ¿Cómo era posible que...? Criaturas que éramos.

Nadie podrá afirmar sin pecado que Ponti no ha sido un productor inquieto, opulento y con la bitácora puesta en una doble finalidad perfectamente amalgamada y, no pocas veces, amalgamable: calidad y rendimiento económico. Contrataba para la dirección entre el censo de los mejores, confeccionaba repartos cuajaditos de estrellas internacionales entre las que situó enseguida a su mujer. Y ambos, Sophia Loren y él, se han hecho envidiable compañía durante cincuenta años.

No creo, es una opinión muy personal, que a este hombre, a Carlo Ponti, le haga falta, que Dios me perdone, el cielo. ¿Para qué?

Creo sobre todas las cosas en el lógico cansancio de los dragones, en su angustia, incluso, y también, hay que decirlo, en la pocas veces explorada astucia de los niños, en lo inadecuada que es su propensión brumosa a lo futuro y a lo alto, y en que habría que cuestionar ese plan que fraguan tempranísimo, sentados en pupitres, para asaltar la chorra, la sola y grande chorra, que los mantendrá, eyaculando muy compulsivamente, en el gusto del mundo, en su acomodamiento gravitatorio a él, a las aperturas que este hace, a sus afirmaciones, a lo que da o promete, a la pirotécnica teoría de que va siempre adelante y, todo, a pesar de, aunque y sin embargo. Ahora creo en esto, aproximadamente, y en seis o siete cosas más, sujetas a comiso. Hace mucho tiempo, cuando era tonto, creía en Dios. En que podía existir a algunas horas, casi siempre demasiado pronto o tarde, y para nada en concreto. Ahora, ya no. Qué va.

Ahora, bromeo con los lobos, tan benditos, les rasco los huevillos y se esponjan, aletean como leones taumaturgos y, esdrújulos a veces, se conjugan en líquidas fragancias. Optaremos los días buenos, ellos y yo, a ligeras aventuras sin prospecto. Iremos adonde se nos quiera y, para ello, usaremos en algún tramo el río revuelto con el fin de que no puedan seguirnos y darnos, sin más, muerte en la cabeza con un pico, como hacen, o con piolet o mediante paletazo de hombre a hombre, a nuca limpia, anulante, espiritual. Porque esa muerte llegaría por la fuerza, y no queremos, al epicentro cerebral, al sitio mismo donde tantas veces, con calidad neurológica, floral y bruta, hemos disfrutado del famosísimo placer de la jodienda, del que esperamos cosas todavía, sinceramente.

He desechado, por destreza, todo culto que no sea un culto al por menor al coño, y otro, de la misma densidad, a esa zona que hay detrás de las orejas, que es muy buena para la lengua, vernácula, clásica, romance o tartamuda; húmeda. Ante esto, quedo quedo unos segundos, escultórico a ratos. Y, en cuanto puedo, actúo sensacional, devoto, acarajado peregrino por las ingles, los lóbulos, la rabadilla o las corvas. También puedo caer, ermitaño, en cualquiera de los dos sobacos. Sobre ello abunda, y por ello insisto menos, desaforada y bromeando, la ciencia psicológica, sin que a mí me sea de mucho beneficio, porque soy poco poco poco taimado. Y nada *crack*.

Cierro ahora. Salto. Ofrezco todas las palabras que sé, sé latín, y cuantas combinaciones soy capaz de hacer con ellas, a quienes quieran blasfemar y no les salga inexplicablemente. Para borrar a churretones feos, como de Trento o de Nicea, la faz estúpida del Dios. Su ser verbal. Como si el agua y el aire estuvieran en ese hecho. Como si lo exigieran la plomada y el nivel. A rienda suelta, sin sujeción a número, con la fe que pondría cualquier bestia. Abriendo.

«NO PONGAS PIE A LA FOTO, JOSÉ LUIS», DOS

«La más risueña es ella». (Pero no sabemos quién es ella. El otro es Díaz-Pache. Madrid).

«Esto es mentira, nunca he sabido escribir a máquina». En el piso de la calle Narváez.

«Vigilo cómo nos casamos».

«¿Qué miraríamos?». San Sebastián, años ochenta.

«El rey tapa a la reina». En el Palacio Real.

«¡Vivan los novios!».

«Verano en San Sebastián». Con unos treinta años. En la foto mi hija mayor, mi suegra y Fernando Méndez-Leite.

«Cumpleaños con tarta». El niño es Samuel, hijo de Jesús Martínez León.

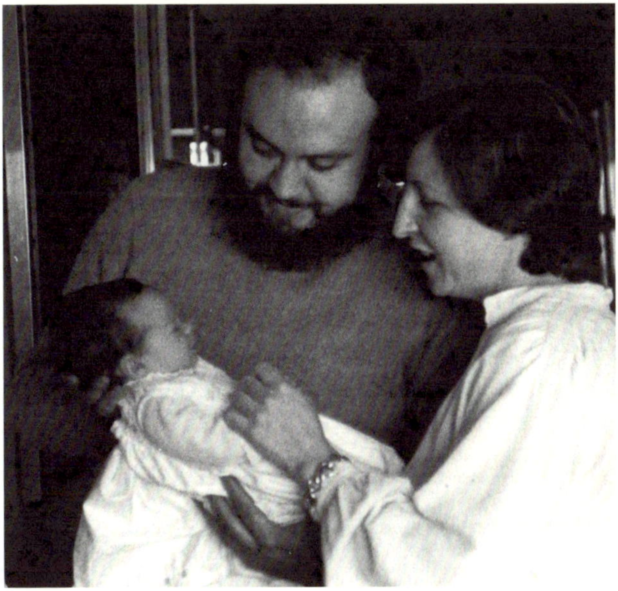

«¡Mira a nuestra hija!».

«¡Mira cómo han crecido nuestras hijas!».

«La familia va al zoo».

«Manolo Matji y yo en paisaje grandioso».

«En *er* mundo». Posiblemente un viaje a Canadá, pero no es seguro.

«Rodaje con chorizo y el guion». Aparecen Antonio Garisa y Miguel Rellán. (Rodaje de *Mala Racha*).

«Así en el cielo como en la tierra». O no.

«En el rodaje». El mejor director de fotografía de TV, Rafael Casenave y el mejor director. La mujer, no sabemos quien es.

PARA ELENA CUERDA, LA FAMOSA NIÑA RELOJ
EL DÍA DE CARNAVAL DE
1.990

«Las cuidábamos muchísimo».

«Elena e Irene y su orgulloso padre».

«Mi padre operado de cataratas». En la residencia de San Martín de Valdeiglesias. Es posible que estuviera sin dentadura.

«A Esperanza le da la risa».

«¿Le tirará la piedra al director?». Rodaje de *La lengua de las mariposas.*

«Emiliano Otegui, director de producción, y José Luis Cuerda, director, comiéndose el decorado».

«*Mariposas* en Los Ángeles, Estados Unidos».

«Amenábar mantiene la tesis de que hay que abrir los ojos. Y yo, estoy de acuerdo con él».

«Amplios horizontes con niebla».

¡TAXIDERMIA! ¡TAXIDERMIA!

16 DE OCTUBRE DE 2017, víspera del comienzo del rodaje de *Tiempo después*:

> Querido Félix, querido equipo:
>
> Puesto ya el pie en el estribo, consciente de la aventura que emprendemos, de las piedras en el camino, de los amaneceres que se abren cada día, de los atardeceres que cobijan a los amantes... Resumo: nunca os agradeceré bastante lo mucho que habéis hecho por esta causa que nos une y de la que tiempo después se predicará: aquella gente lo hizo con ilusión.

HAY UN público muy gandul. El espectador, en general, es muy pasivo, pero debería de ser más activo e interesarse más por... bueno, no soy yo quién para decir por lo que debe interesarse. Que cada cual se interese por lo que quiera. *Tiempo después*, por ejemplo, no es una película realista, es quien la mira quien tiene que decidir sobre el significado de lo que ve.

En el 9177, mil años arriba, mil años abajo —que tampoco hay que pillarse los dedos con estas minucias— el mundo entero —y según algunos autores el universo también— se ha visto reducido a un Edificio Representativo y a unas afueras cochambrosas habitadas por todos los parados y hambrientos del cosmos.

En el Edificio Representativo viven un rey picajoso y cargante, entrometido e inútil, pero no tonto, ya que, llegado el momento, intenta abordar al asalto a la jefa de gabinete del alcalde, la Méndez, una hermosura, cuya inteligencia salta a la vista nada más verla, y a la que el monarca quiere convertir en madre de su heredero. Un general de la Guardia Civil, un almirante de la Marina argentina en secano y sin más capacidad de maniobra que juguetear en el bidé o la bañera, dos barberos —libre competencia—, un fraile de la teología de la liberación y un cura fascista, el conserje del edificio, puesto ganado por oposición entre seiscientos cuarenta y seis mil opositores predominantemente bostonianos, un grupo de chicas y chicos de la juventud rebelde, entre las que hay alguna devota de Ortega y Gasset. Una selección natural, que asegure la libre competencia allí dentro, duplica el ejercicio de cualquier actividad.

En la afueras, en chabolas y otras construcciones o cobijos rudimentarios viven todos los desgraciados del universo, asaeteados día y noche por una megafonía cansina que pretende convencerlos de que viven en el mejor de los mundos posibles. Uno entre ellos, José María, decide que, con las dificultades que haya que salvar y mediante la venta de una limonada que él manufactura y vendería en el edificio, otra vida es posible. El alcalde le impide el acceso. Dejaría de ser parado. Se desnaturalizaría. Sufriría merma ontológica. Le propone entonces que, abandonada toda intentona mercantil, aborde otra actividad menos lesiva para la comunidad: que se enamore de su jefa de gabinete. José María se niega a un compromiso tan determinante. De tan alto calado.

Y ahí comienza, y veremos cómo termina, la que podríamos denominar la Novena Guerra Mundial en honor a Beethoven.

Para rodar una película coral, como *Tiempo después*, en la que he reunido a cuarenta y dos actores, lo mejor es contar con un reparto coral, porque es lo que precisaba ese guion. Pero en otras, como en *La viuda del capitán Estrada*, conté con pocos. No tengo prefijado el número de intérpretes que tienen que intervenir en una película. Eso es algo que depende del guion.

Participa también el gobernador civil de Ciudad Real, Daniel Romero, que canta un fandango: «Por no tener donde sentarme, yo me senté en una piedra. La piedra, al verme tan pobre, se rompió por no aguantarme».

A mí me gusta mucho lo que llamo la juventud rebelde, con unos que simpatizan con Hegel y otros, con Ortega y Gasset. He establecido así una distancia suficiente para que quepa muchísimo margen entre ellos.

No hago alardes técnicos. No me gusta cómo se rueda ahora. Cuando veo uno de esos toldos azules me cabreo, porque me temo que pueden salir de ahí hasta elefantes. Eso no quita que yo haga en *Tiempo después* un homenaje al realismo de la literatura iberoamericana. Tengo tíos volando toda la película. Unos lo hacen tipo águila, y otros, tipo colibrí. John Ford es un director que me ha influido mucho y me río porque todos los exteriores de *Tiempo después*, absolutamente todos, son fordianos.

Se van a enfadar todos los equipos con los que he trabajado, porque el equipo con el que he rodado *Tiempo después* es el mejor con el que he trabajado nunca en cine: unos profesionales como la copa de un pino. Lo pasamos muy bien en el rodaje, pero trabajando mucho y muy seriamente. No había nadie allí de coña. Lo único es que de vez en cuando nos poníamos a dar palmas y a gritar: «¡Taxidermia! ¡Taxidermia». En Toledo, todos los días pasábamos por un negocio de taxidermia en el que había un león disecado, un león rampante, sobre sus patas traseras, atacando. Era espectacular.

Es la película que he rodado más a gusto, de la que he quedado más satisfecho. He hecho realmente lo que quería. Y, además, creo que el resultado es espléndido. Me doy besos.

¿EXISTE UN tipo de humor manchego? Parece que se puede deducir que sí. No diría que me siento identificado con él, porque identificarse con algo es casi como decir copia exacta, pero es un humor con el que me río y lo paso bien. Conviene tomarse la vida con humor, pero no solo. La capacidad de traer nuevos seres humanos al mundo es otro factor a considerar. He dirigido comedias, pero también tragedias o dramas, porque la propia vida me ofrece asuntos que son variados y suficientes. El cine surge de la cabeza de uno mismo. Me proponen y yo elijo, aunque suelo ser yo quien propone.

Mi carrera es como para darse con un canto en los dientes, porque he tenido una suerte de narices. Me considero muy afortunado. ¿Qué me queda por decir? ¿Cómo puedo saberlo? No escribo ya todos los días, pero tengo cuatro o cinco guiones —*La función, Un año entero* o *Loperena enamorado*— que me habría gustado hacer y que pienso intentar realizar.

También quiero hacer a toda costa *La miel,* que han reeditado los chicos de Pepitas de calabaza. Es un cuento de Tonino Guerra, excelente guionista de Fellini: la historia de dos ancianos, dos hermanos octogenarios, en un pueblo de siete habitantes. Tiene escenas maravillosas, que te ponen los pelos de punta. Entramos en contacto con los herederos, pero no lo ha querido producir nadie. No son capaces de ver algo que yo hago con mucha facilidad: convertir la narración en conversaciones entre los personajes. A partir de ahí, me resulta muy fácil escribir guiones. Dicen que es muy complicado.

Yo estoy encantado con esos guiones, pero es igual. No interesan.

Confío en hacer aún más películas. Me vendría bien.

LA RISA DE MANUELA

La paternidad se da cuando se es padre, y la maternidad, cuando se es madre. Yo la he llevado muy bien. ¿Cómo lo he reflejado en mis películas? La verdad es que no sé cómo se refleja eso. Ninguna de mis dos hijas, Irene, que se llama como mi madre, y Elena, se dedica al cine. Estudiaron solfeo y piano. Lo suyo es la música. Tengo tres nietos.

Venimos a este mundo como venimos. Hechos una pena. Y sin conocimiento. Nadie nos pregunta si nos apetece. Si nos conviene. Si es el momento oportuno. O el lugar. O la compañía. Hay familias en las que no interesa nacer bajo ningún punto de vista. Y vidas que no vale la pena vivir porque, pena tras pena, son un martirio.

Minutos después de nacer mi nieta Manuela su padre, Roberto, le hizo una foto. Le hizo muchas en realidad. Es su primera hija —mi primera nieta— y recibí la noticia cuando estaba a punto de salir al escenario de los Goya a entregar, junto a Álex de la Iglesia y David Trueba, el premio al mejor director. Le dije a los dos que acababa de ser abuelo y que la ocasión la pintaban calva para *ipso facto* postularme al Goya al mejor abuelo debutante. Álex y David me animaron a que lo hiciese. Y, evidentemente, no lo hice. No era cosa de fastidiarle al ganador su minuto de gloria tan merecidamente conseguida.

En esa primera foto de Manuela la criatura aparece sonriendo. O eso creo ver yo. Amigos que saben de estas cosas aseguran que esa posición de los labios, que ese gesto responde más bien al instinto succionador que trae a este mundo el neonato para asegurar su supervivencia. La explicación me consoló en un primer momento, porque acceder a estos tiempos que corren, tan bordes ellos, con una beatífica ingenuidad como la que traía plasmada en su cara mi nieta, la preparaban para muchos y prontos desengaños en este mundo traidor. Pero inmediatamente cambié de opinión. ¿Hubiera preferido yo una Manuela que naciera con el análisis hecho y la conclusión tomada de que venía a un cenagoso valle de lágrimas? Para nada.

Le advertí que ese comportamiento suyo era inadecuado, que no sabía lo que le esperaba, que este mundo estaba sembrado de trampas. Siguió sonriendo. A los pocos meses gateaba a gran velocidad. Me llevé una alegría: «Sabe huir», deduje. Menos mal. Gran consuelo. Cuando, semanas después aprendió a negar, con enérgico zarandeo de cabeza, casi todas las propuestas que se le hacían, dije: «Ya está. Ya sabe lo fundamental». Decir que no.

No sé lo que le espera a Manuela como alimento de esa circunvolución izquierda frontal superior del cerebro donde reside el humor. Quizás —la historia las gasta así a veces con gran sabiduría— todo acabe en un precipitado de sustancias que torne la sinvergonzonería gobernante en materia risible y de mucho escarnio.

Manuela, va por ti. Que este que será tu pasado te produzca, visto a distancia, tantas risas como cabreos nos mete en el cuerpo a los que hoy lo padecemos.

Si todos vamos a resucitar gloriosos, yo me apunto. No sé si cabremos en el mapamundi, pero eso lo arreglará Dios omnipotente. A mí me gustaría viajar a ese delirio.

Es de noche. Mi madre se inclina sobre mi hermano Abel y sobre mí, nos besa y se va a fregar los cacharros de la cena. Ya a oscuras, yo he tenido la precaución de taparme hasta el cuello debajo del embozo. No puede quedar ninguna mano colgando fuera del colchón. Me da terror que me la pueda tocar algún muerto de los que, quién sabe, quizás se esconda debajo de la cama. Poco a poco, me quedo dormido.

Me gustaría, para terminar, que a aquel viaje con mis seis años me acompañara mi nieta Manuela. Ella cumple dos hoy, y me sonríe siempre que me ve. Aunque nos separe una gran distancia. Tiene buena vista. Unos ojos que expresan literalmente lo que piensa más que si lo dijese con palabras. Y unos dientecillos muy eficaces con los que come de todo.

Cabe concluir, para que ninguno nos engañemos, que nuestra resurrección, si queremos ser honrados, se producirá en un espejo. Un espejo tembloroso, dubitativo, inseguro.

Y llega el momento en que no recuerdas si te has olvidado de todo lo que querías olvidarte.

AGRADECIMIENTOS

La edición de este sucinto repaso de toda una vida no hubiera sido posible sin la colaboración de Irene y Elena Cuerda; de Rosa Cuerda; de Rosa María Navarro; de todo el equipo de Pepitas (Santiago Aguilar incluido) y de los editores —que no son pocos— de los medios que acogieron en sus páginas algunos extractos de lo aquí publicado.

J. L.

FILMOGRAFÍA

[D]irector / [G]uionista / [P]roductor / [I]ntérprete

1977. *El túnel* [G y D] TV
1980. *El hombre de moda* (Fernando Méndez-Leite) [I]
1981. *Demasiado para Gálvez* (Antonio Gonzalo) [I]
1982. *Pares y nones* [G y D]
1985. *Total* [G y D] TV
1985. *Mala racha* [G y D] TV
1987. *El bosque animado* [D]
1989. *Amanece, que no es poco* [G y D]
1991. *El rey pasmado* (Imanol Uribe) [I]
1991. *La viuda del capitán Estrada* [G y D]
1992. *La marrana* [G y D]
1993. *Tocando fondo* [G y D]
1993. *Y creó en el nombre del padre* (Óscar del Caz) [I] CM
1994. *Makinavaja 2* [G y D] Serie TV
1995. *Así en el cielo como en la tierra* [G y D]
1996. *Tesis* (Alejandro Amenábar) [P e I]
1997. *Abre los ojos* (Alejandro Amenábar) [P]
1999. *La lengua de las mariposas* [D y P]
2000. *Primer amor* [G, D y P] CM

2001. *Los otros* (Alejandro Amenábar) [P]
2004. *Hay motivo*, episodio «Por el mar corre la liebre» [G y D] CM
2006. *La educación de las hadas* [G y D]
2008. *Los girasoles ciegos* [G y D]
2010. *Ribeiros do Avia: vida, cultura, vino* [G, D y P]
2012. *Todo es silencio* [G y D]
2018. *Tiempo después* [G y D]

ÍNDICE

José Luis Cuerda

AMANECE, QUE NO ES POCO

[pepitas de calabaza]

José Luis Cuerda

«Me noto muy cambiá»

[pepitas de calabaza ed.]

José Luis Cuerda

AMANECE, QUE NO ES POCO (LA SERIE)

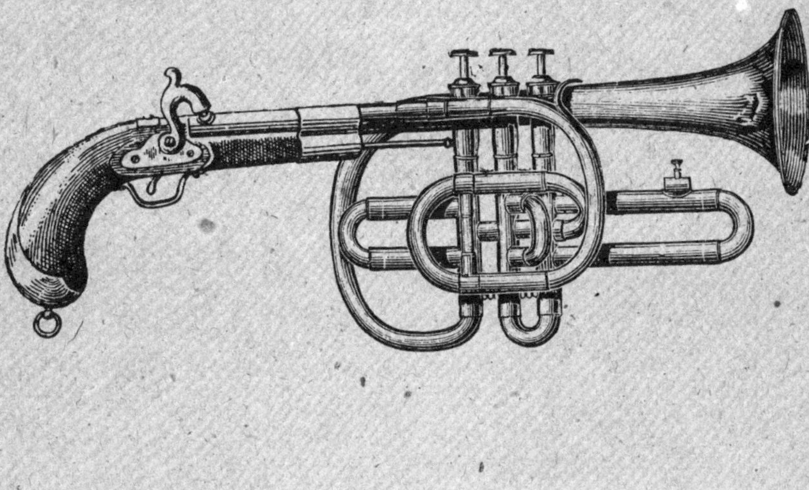

[pepitas de calabaza]

TIEMPO DESPUÉS

JOSÉ LUIS CUERDA

(PEPITAS ED.)